世 界 上 最 伟 大 的 成 功 励 志 精 华 读 本

卡耐基

成功学

黄智鹏 编译

CARNEGIE'S PSYCHOLOGY

FOR SUCESS

光明日报出版社

图书在版编目（CIP）数据

卡耐基成功学 / 黄智鹏编译 . —— 北京：光明日报出版社，2011.6 （2025.1 重印）

ISBN 978-7-5112-1117-0

Ⅰ.①卡… Ⅱ.①黄… Ⅲ.①成功心理－通俗读物 Ⅳ.① B848.4–49

中国国家版本馆 CIP 数据核字 (2011) 第 066097 号

卡耐基成功学

KANAIJI CHENGGONGXUE

编　译：黄智鹏

责任编辑：李　娟　　　　　　　　　　责任校对：张荣华

封面设计：玥婷设计　　　　　　　　　封面印制：曹　净

出版发行：光明日报出版社

地　　址：北京市西城区永安路 106 号，100050

电　　话：010–63169890（咨询），010–63131930（邮购）

传　　真：010–63131930

网　　址：http://book.gmw.cn

E – mail：gmrbcbs@gmw.cn

法律顾问：北京市兰台律师事务所龚柳方律师

印　　刷：三河市嵩川印刷有限公司

装　　订：三河市嵩川印刷有限公司

本书如有破损、缺页、装订错误，请与本社联系调换，电话：010–63131930

开　　本：170mm × 240mm

字　　数：200 千字　　　　　　　　　印　张：15

版　　次：2011 年 6 月第 1 版　　　　印　次：2025 年 1 月第 3 次印刷

书　　号：ISBN 978-7-5112-1117-0

定　　价：49.80 元

前 言

　　戴尔·卡耐基（Dale Carnegie）是美国著名的心理学家、教育学家和人际关系专家。他于1888年11月24日出生在美国密苏里州的一个贫苦农民家庭。

　　1904年，卡耐基高中毕业后就读于密苏里州华伦斯堡州立师范学院。他虽然得到了全额奖学金，但由于家境的贫困，他还必须参加各种工作，以赚取必要的学习费用。这使他感到羞耻，并使他养成了一种自卑的心理。因而，他想寻求出人头地的捷径。在学校里，具有特殊影响和名望的人，一类是棒球球员，一类是那些辩论和演讲获胜的人。他知道自己没有运动员的才华，就决心在演讲比赛上获胜。他花了几个月的时间练习演讲，但一次又一次地失败了。失败带给他的失望和灰心，甚至使他想到过自杀。然而第二年里，他开始获胜了。

　　卡耐基在1908年毕业后，来到科罗拉多州的丹佛市，受雇做了一名推销员，后来他又到南奥马哈，为阿摩尔公司贩卖火腿、肥皂和猪油。他的这个推销工作虽然很成功，但在1911年，他却到纽约的美国戏剧艺术学院学习表演。一年以后，他感到自己并不具备演戏的天才，于是又回到推销的行业里，为一家汽车公司当推销员。

　　但做推销员并不是卡耐基的理想，于是他白天写书，晚间去夜校教书，以赚取生活费。他还为夜校教公开演讲课，因为他认为，大学时代他在公开演说方面受过训练，在这方面有较丰富的经验。也正是这些训练和经验，扫除了他的怯懦和自卑，让他有勇气和信心跟人打交道，增长了他做人处世的才能。于是他说服了纽约一个基督教青年会的会长，同意他晚间为商业界人士开设一个公开演讲班。就这样，从1912年开始，他展开了为之奋斗一生的成人教育事业。

卡耐基运用心理学和社会学知识，对人类共同的心理特点和人性都进行了深刻的探索和分析，开创并发展出一种融演讲术、推销术、为人处世术、智力开发术为一体的独特的成人教育方式，卓有成效。无论是西方国家还是东方世界，他的著作的译本几乎涵盖了所有语种的文字。而他开创的"人际关系训练班"，包括美国卡耐基成人教育机构、国际卡耐基成人教育机构，以及遍布世界50多个国家的分支机构，更是多达两千余所。他以超人的智慧、严谨的思辨，在道德、精神和行为准则上指导万千读者，给人们安慰、鼓舞，使他们从中汲取力量，从而改变自己的生活，开创崭新的人生。从总统到内阁大臣，从各界名流到普通百姓，卡耐基教育机构造就了千千万万的毕业生，其开创的成功学教育培训帮助无数人实现了自己的梦想，影响了20世纪的几代人。 他也由此奠定了作为第一代成功学大师的地位，被誉为20世纪最伟大的人生导师，畅销全球的美国《时代周刊》给予他极高的评价："或许除了自由女神，他就是美国的象征。"

"不要犹豫！请立刻阅读！这是改变你一生的机会！"大多数读过卡耐基著作的人都很熟悉这句话。卡耐基在实践的基础上写出的成功学著作，是20世纪最畅销的成功励志经典。其主要代表作有《人性的弱点》《人性的优点》《美好的人生》《快乐的人生》《演讲与口才》《伟大的人物》以及《林肯传》（又译《人性的光辉》）等七本书，其中《人性的弱点》一书，是继《圣经》之后世界出版史上第二畅销书。这七本书也共同构成了卡耐基为人处世、通向成功之路的成功学体系，与他的成人教育培训班相辅相成，改变了传统的成人教育方式，影响了千百万人的生活。

卡耐基逝世于 1955 年 11 月 1 日，享年 67 岁。他去世后，留给后人最丰厚的精神遗产，就是他的成功学理论。卡耐基于 1932 年在美国威斯康星州密尔沃基市举办的工商业者协会演讲中说道："与其留给子孙财产，不如留给他们自信和勇气。"卡耐基留给我们的不仅仅是几本书和一所学校，卡耐基留给我们的精神遗产是无法衡量的，其真正价值是——他把个人成功的技巧传授给了每一个想出人头地的年轻人。卡耐基训练方法的魅力也不是几句话就可以说得清楚的，其精彩部分犹如有源之水，源源不尽地流进人们心里，潜移默化地改变着无数人的命运。

卡耐基的成功学包括处世术、智力开发术、演讲术、推销术、人际关系术等。本书是卡耐基有关成功励志著作的精华汇集，是卡耐基思想与事业的精髓，全书主要内容包括：如何建立人生梦想、如何摆脱忧虑的困扰、如何改变他人的意见以及怎样保持家庭婚姻生活幸福快乐、如何在演讲与口才方面实现语言的突破、如何汲取成功人物的经验、如何战胜逆境等等。全书着意于教会我们学会为人处世，获得自信自尊，克服人性弱点，开发自我潜能，充分认识自己，并不断改造自己，乐观而勇敢地面对生活，获得事业的成功和人生的快乐。相信你一定能从本书中得到有益的启发和激励。"不要犹豫！请立刻阅读！这是改变你一生的机会！"

目　录

第三部 智慧交往 赢得人脉

第七部　战胜挫折　迈向巅峰

第一部

美好人生 始于梦想

第一章　有了梦想，你才伟大

人生因为梦想而伟大

■ 没有目标的人生如同没有航向的帆船

不能抱持正确目标而奋斗的人，就如玩耍得意志消沉的儿童一样，他们不知道自己所要的是什么，总是茫然地撅着嘴。

行动的本身左右着人生。确定明确的人生目标，不论是对人生，还是对任何的行动，都是至关重要的。

在生活中，有不少人缺乏明确的目标。他们就像地球仪上的蚂蚁，看起来很努力，总是不断地在爬，然而却永远找不到终点，找不到目的地。同样，在生活中没有目标，活动没有焦点，也会使你白费力气，得不到任何成就与满足。

设定明确的目标，是所有成就的出发点。很多人之所以失败，就在于他们都没有设定明确的目标，并且也从来没有踏出他们的第一步。

社会无疑具有强大的同化作用，使得我们许多人都背离了人生的真谛，丧失了真情和本性。但唯有我们自己真正想要的才能使我们得到满足。放弃了自身的愿望和需要，我们就会变得麻木不仁，对任何事都无动于衷。

每个人都做过梦——真实的梦、睡眠中的梦、小时候在作文本上写出的梦、与朋友闲聊时做的白日梦。然而，做梦的年龄过了之后，面对现实，为什么会有惆怅或失落？当然，最理想的是"美梦成真"，虽然不是每个人都能如此，但也并非做不到。

人一旦有梦想有目标，自然就会为了实现它而发挥更大的心力，人生的光辉由此粲然可见。为什么呢？因为在为实现理想而奋斗的过程中，生活会更加的富有意义，此时人类潜在的脑力也会得到发挥。经常有意识地创造出这样的情势，使人生更成功、更丰富且充满乐趣，这就是所谓的目标催化作用。

1952 年的《生活》杂志曾登载了约翰·戈德的故事。

戈德 15 岁时，偶然听到年迈的祖母非常感慨地说："如果我年轻时能多尝试一些事情就好了。"

戈德受到了很大的震动，决心自己绝不能像老祖母一样到老了还有无法挽回的遗憾。于是，他立刻坐下来，详细地列出了自己这一生要做的事情，并称之为"约翰·戈德的梦想清单"。

他总共写下了 127 项详细明确的目标，里面包括 10 条想要探险的河流，17 座想要征服的高山，走遍世界上每一个国家，要读完《圣经》，读完柏拉图、亚里士多德、狄更斯、莎士比亚等十多位大学问家的经典著作，他还想学开飞机、学骑马。

他的梦想中还有乘坐潜艇、弹钢琴、读完《大英百科全书》。当然，还有重要的一项，那就是他还要结婚生子。

戈德每天都要看几次这份"梦想清单"，他把整份单子牢牢记在心里，并且倒背如流。

戈德的这些目标，即使在半个多世纪后的今天来看，仍然是壮丽且不可企及的。但他究竟完成得怎么样呢？

在戈德去世的时候，他已环游世界 4 次，实现了 127 个目标中的 103 个。他以一生设想并且完成的目标，述说了他人生的精彩和成就，并且照亮了这个世界。

每当读起戈德的故事，我便会不由自主地想到一句话：人生因梦想而伟大。

我曾有一只名叫"花生"的混血小狗，它活泼、聪明、可爱，是我们家的开心果。一次，儿子提出要我和他一起为"花生"盖一间狗屋。于是，我们便立刻动手，很快就把狗屋盖好了。但是，由于手艺太差，狗屋盖得很糟糕。

狗屋盖好不久，有一位朋友来访，他忍不住问我："树林里那个怪物是什么？难道是狗屋吗？"

我说："没错，那正是一间狗屋。"

朋友随即指出了狗屋的一些毛病，又说："你为什么不事先计划一下呢？如今盖狗屋都要照着蓝图来做的。"

不知你能从这个狗屋的故事中学到些什么？

没有目标的活动无异于梦游，没有目标的生活只不过是一种幻象。许多人把一些没有计划的活动错当成人生的方向，他们即使花费了九牛二虎之力，由于没有明确的目标，最后还是哪里都到不了。就像我盖的狗屋一样，只能被人视为怪物。

■ 目标指引你走向成功

要攀到人生山峰的更高点，当然必须要有实际行动，但是首要的是找到自己的方向和目的地。如果没有明确的目标，更高处就只是空中楼阁，望不见更不可及。如果我们想要使生活有所突破，到达很新且很有价值的目的地，首先一定要确定这些目的地是什么。只有设定了目的地，人生之旅才会有方向、有进步、有终点、有满足。

一位大学生经常在报纸上发表作品，他从事新闻工作的天分很高，有从事新闻事业的潜力。但是，这位大学生在毕业时却没有选择从事新闻行业。他觉得新闻工作就是报道一些琐琐碎碎的事情，因而不愿去做。可是五年后，他却不无懊悔地说："老实说，我现在的待遇也不算低，公司也有前途，工作又有保障，但是我压根儿就心不在焉，我很后悔没有一毕业就从事新闻工作。"从这位大学生的身上，你可以看出，他对于现在的工作心存不满，三五年就对自己的工作产生了厌恶情绪。他将来根本没有什么前途，除非他立刻辞职，从事新闻工作。

如果这位大学生当初在新闻行业上制订准确的目标的话，或许他早就在这方面小有成就了。

他失败的根本原因就在于：没有早日定下事业的目标。有了目标才会成功，目标是你所期望的成就与事业的真正动力。

威廉姆·玛斯特恩，一位非常杰出的心理学家，曾经向 3000 人问过同样的问题："你为什么而活着？"结果表明，有 94% 的人没有明确的生活目标。94% 啊！正像有句谚语所说的："每个人都会死，但并非每个人都真正地活过。"玛斯特恩的调查也不幸证实了这一点。许多人过着如梭罗所说的"宁静的绝望生活"。他们忍耐，等待，彷徨于生活的真谛，期望他们的人生目标在某个神灵的激发下瞬间降临。同时，他们只是在生存着，重复着生活的机械动作，他们从未感受过生命的闪光。他们看着自己的生命之光迅速地飞逝，变得越来越恐惧，害怕自己还没有体会到任何真正的喜悦和生命的内涵，就走到了人生的尽头。

从发现目标到拥有目标，这是一个过程。整个过程并不是一夜之间就可以完成的，它需要自省和耐心——这两种品质对我们多数人来讲很难拥有。但一旦确定了自己的目标，就像为自己的灵魂注入了一股新的活力，安定和方向感就会顿时产生。

确定你自己的目标也会对你产生同样的效果！下面的练习是我自己在寻找目标时确立的步骤，您不妨一试，看看效果如何。

取出一张白纸，写下"我希望给人留下什么印象"。列出你希望让你的朋友、配偶、孩子、合作伙伴、团体，甚至是整个世界记住的你的品质、行为和特征。如果你与其他一些团体有特殊的关系的话，如教堂、俱乐部、球队等，把他们也列入表中。在列表的过程中你将渐渐发现你自己真正的价值和生活意义的源泉。

例如，你可以这样写（如果你是一位女性）："我希望我的丈夫认为我是一个非常可爱的妻子，是永远相信他、鼓励他扩展他可能的追求、使他的生命发挥最大潜能的伴侣；我希望我的儿子认为我是深爱和相信他的母亲，我能帮助他认识到，只要他下定决心去做某件事，他就能做出巨大的贡献和成就，成为任何他梦想成为的人。"

写完之后再回顾自己生活中的其他人时，一个表明你最可贵价值的清晰模式便会渐渐地显现出来。相信此时你也会知道自己的目标所在了，动力也会自然产生。

确定了自己的目标后，你便会从现在从事的无谓的工作中解脱出来，全身心地追求自己所选择的道路，怀着从未体会到的激情和快乐向自己的人生目标不断地迈进。在这个过程中，你所感受的肯定是欢悦、充实和满足。

当你研究那些已获得成功的人物时，你会发现，他们每一个人都各有一套明确的目标，都有达到目标的计划，并且花费了最大的心思、付出了最大的努力去实现他们的目标。

美国著名的诗人弗洛斯特在第一次接触到雪莱的诗时，深受触动："啊！这个东西正是我所要的。"他觉得自己对雪莱的作品一见钟情，以至心心相印。他不但找到了指定的读物，还找到了图书馆中收藏的所有英国诗集。读了雪莱、济慈等人的诗集之后，他觉得诗才是他选择的目标。从此，他迈向了诗坛，有了诗作发表后，便一发不可收拾。

人们一般都知道，优秀的企业或组织都有10年至15年的长期目标。毫无疑问，一个人也应该从这样的企业规划与发展战略中得到某种成功的启示，那就是：你也应该计划十年以后的事情。如果你希望十年以后变成怎样，那么现在你就必须变成怎样。

■ 为你的未来规划蓝图

一个心中有目标的人，会成为创造历史的人；一个心中没有目标的人，只能是个平庸的人。

"目标绝对重要，它不但能调动我们的积极性，而且能维持我们的人生。"你应该今天就开始制定目标，为自己的未来规划航向。思想家罗伯特·F·梅杰说："如果你没有明确的目的地，你很可能就走到不想去的地方了。"因此，你应该尽一切努力去实现自己的理想，而不要走到不想去的地方。

我开的成人教育班上有一位学生，他就为自己制订了一个未来十年的工作与生活计划目标。从他的目标中，你可以感觉到，他已经看到未来生活的影子了。或许我们大家都可以从中受到某种启示。

"我希望有一栋乡下别墅，房屋是白色圆柱构成的两层楼建筑。四周的土地用篱笆围起来，说不定还有一两个鱼池，因为我们夫妇俩都喜欢钓鱼。

房子后面还要盖个都贝尔曼式的狗屋。我还要有一条长长的、弯曲的车道，两边树木林立。

"为了使我们的房子不仅是个可以吃住的地方，我还要尽量做些有价值的事，当然绝对不会背弃我们的信仰，我会尽量参加教会活动。

"十年以后，我会有足够的金钱和能力供全家坐船环游世界，这一定要在孩子结婚独立以前早日实现。如果没有时间的话，我就分成四五次，做短期旅行，每年到不同的地方去游览。

"当然，这些要看我的工作是不是很成功才能决定，所以要实现这些计划，我必须加倍努力才行。"

这个计划是他在五年以前制订的。他当时有两家小型的"一元专卖店"，现在已经有了五家，而且已经买下 17 英亩的土地准备盖别墅。他的确是在逐步实现他的目标。

对于你来说，你的过去或现在是什么样的并不重要，你将来想要获得什么成就才是最重要的。你必须对你的未来怀有远大的理想，否则你就不会做成什么大事，说不定还会一事无成。

渴望通过自己的奋斗走向成功的人，不能回避目标定位的课题。人，确实需要一个高度，一个超越自我的高度，一个追寻真理的高度。人，应该为自己的一生确立一个目标，一个矢志以求、不达目的誓不罢休的目标。

让我们为自己寻找一个梦想、树立一个目标吧，因为——人生因梦想而伟大！

卡耐基成功信条

■ 不能抱持正确目标而奋斗的人，就如玩耍得意志消沉的儿童一样，他们不知道自己所要的是什么，总是茫然地撅着嘴。

■ 设定明确的目标，是所有成就的出发点。很多人之所以失败，就在于他们都没有设定明确的目标，并且也从来没有踏出他们的第一步。

■ 目标绝对重要，它不但能调动我们的积极性，而且能维持我们的人生。

卡耐基成功金钥匙

梦想是前行的动力，失去了梦想，人生将停滞不前。要想在人生道路上有所收获，必须拥有自己的梦想。心中有目标的人知道自己从哪里来、到哪里去，心中没有目标的人只能茫然地游荡。

人生的精彩来自于目标的精彩

■ 目标产生强大的人生动力

每一个奋斗成功的人，无疑都曾面临一个选择方向、确定目标的问题。正如空气、阳光之于生命那样，人生须臾不能离开目标的引导。

有了目标，人们才会下定决心攻占事业高地；有了目标，深藏在内心的力量才会找到"用武之地"。若没有目标，人就不会采取真正的实际行动，自然与成功无缘。只要你选准了目标，选对了适合自己的道路，并不顾一切地走下去，终能走向成功。确立了目标并坚定地"咬住"目标的人，才是最有力量的人。目标，是一切行动的前提。事业有成，是目标的赠予。确立了有价值的目标，才能较好地分配自己的时间和精力，较准确地寻觅突破口，找到聚光的"焦点"，专心致志地向既定方向猛打猛冲。那些目标如一的人，能抛除一切杂念，会聚积起自己的所有力量，全力以赴向目标的高地挺进。

一个人只要不丧失强烈的使命感，或者说还保持着较为清醒的头脑，就决然不能把人生之船长期停泊在某个温暖的港湾，而应该重新扬起风帆，驶向生活的惊涛骇浪中，领略其间的无限风光。人，不仅要战胜失败，而且还要超越胜利。只有目标始终如一，才能焕发出极大的生存活力；只有超越了生命本身，人生才可以不朽。

有目标的人，就有一股巨大的、无形的力量，将自身与事业有机地"化合"为一体。

心中的目标可以给人生存的勇气，可以在困苦艰难之际赋予我们坚忍不拔的毅力。有伟大目标的人少有挫折感，因为比起伟大的目标，人生途中的波折就微不足道了。

目标，能唤醒人，能调动人，能塑造人，目标的伟力是难以估量的。有明确目标的人，生活必然充实，绝不会因无所事事而无聊。目标能使人不沉湎于现状，激励人不断进取；目标能引导人不断开发自身的潜能，摘取成功之冠。

有了目标，内心的力量才会找到归宿。茫无目标地漂荡终会迷路，这样，你心中的一座无价的金矿，因无开采的动力，只能等同于平凡的尘土。

■ 目标是成功的生命线

可以说，目标对于成功，犹如空气对于生命一样，目标是成功的生命线。对于成功来说，一个人过去或现在的情况并不重要，而未来想要获得什么成就、有什么样的追求才是最重要的。

洛克菲勒——美国著名的石油大王——在他的自传中，曾提出了一个有趣的设想：

若是将目前全世界所有的现金以及所有的产业全都混合在一起，平均分给全球的每一个人，让每个人所拥有的财富都一样多。半个小时之后，这些财富均等的人们，他们的经济状况就会开始有显著的改变。有些人在这时候已经丧失了分到的那一份：有的人会因为豪赌输光；有的人会因为盲目投资而一文不名；有的人则会因为受到欺骗而迅速破产。于是财富分配又重新开始了，有些人的钱会变少，有些人的钱又开始多了起来。随着时间的拖长，这种差别会变得更大。经过三个月之后，所谓贫富悬殊的情况将会变得十分惊人。

洛克菲勒十分自信地说："我敢打赌，再经过两年时间，全球财富的分配情况就将和以前没什么区别——有钱的仍然是那些人，而以前贫困的人依然贫困。"

洛克菲勒把这种现象的原因归结于人们的目标不同。他说："说这是命运也好，是机会使然或自然法则也好，总之，有些人的目标与行动，一定会使自己比其他人所受到的尊敬更多，他所拥有的财富也将会更多。"

通常，奋斗者要想成功，最重要的因素是选择目标并做出抉择。

同为有目标的人，有人成功了，有人未成功；有人大成功，有人小成功。这与目标的"大小"有很大的关系。

大目标使人的生活是干事业，小目标使人的生活仅是过日子。古希腊哲学大师亚里士多德很尖刻地区分了这两种人，即"吃饭是为了活着"和"活着就是为了吃饭"。

人生的精彩来自于目标的精彩。一个人的人生之所以精彩，就在于他有精彩的目标。

所谓精彩的目标，就是要做大事，考虑更多的人、更多的事，在更大的范围内解决更多的问题，在更大的空间里产生更大的影响。

你的目标越精彩，你所要解决的问题就越大，你就越得有大本事，就越要有很多知识、技能，有时甚至要超越个人的得失，做出某些重大牺牲。在这一过程中，你逐渐获得了超乎常人的知识和能力，你就会变得胸怀宽广、大公无私，你也会取得超越常人的成就，你的人生也就变得更加绚丽多彩。

"Q世界"农产品公司的董事长霍华德·马古勒斯是美国加利福尼亚州的新一代农民。他的成就就是他确立了自己精彩的人生目标并且努力完成目标的结果。

多年来，农产品市场的繁荣与萧条几乎无法作任何的预估和控制，时而热火朝天，时而寒若冰霜。至少，所有的人都认为这本来就是靠天吃饭的行业。

马古勒斯却从来不这样想，他给自己定下了一个精彩的目标：发展出一个新颖独特的品种，用来影响消费者的购买行为。他当然有自己充足的理由：这个行业其实和其他行业没什么区别，当市场处于低谷时，除非你有自己独特的产品，否则你就完了。农业市场也是这个道理，如果你也像大家一样生产萝卜白菜，只有市场上供小于求的时候，你才可能获利。我们的目标就是要想法调整市场，靠自己的独特性打开市场，创造更多的机会。

马古勒斯想到了改良甜椒。没错，就是改良甜椒。如果能发展出比其他的甜椒风味更为独特的品种，马古勒斯深信，不论零售市场如何，商店都一定非常喜欢这种品种。于是，马古勒斯发展出一种"皇家红椒"。这种长形叶式的甜椒，一上市就取得了巨大的成功。人们吃过以后，仍会继续购买它。

马古勒斯用目标为自己的人生抹上了精彩的一笔。

当你已经养成制订精彩的个人成功计划的习惯后，你事实上就已经与过去的你判若两人了。或许，你已经制订了一个一个的成功计划，并将它们一个一个地付诸实践。这时，你不妨回过头来反省一下自己所走过的道路，你会十分惊讶地发现，即便你离自己所确定的远大目标还有一段距离，但是你无论怎样再也不是过去那个平平淡淡的人了，你已经取得了过去连想都不敢想的成就了。你必须明白，这便是制订精彩计划并付诸行动的威力。

远大目标会给人带来创造性的火花，使人有可能取得成就。正如约翰·查普曼所说："世人历来最敬仰的是目标远大的人，其他人无法与他们相比……贝多芬的交响乐、达·芬奇的《蒙娜丽莎的微笑》、莎士比亚的戏剧，以及人们赞同的任何人类精神产品……你热爱他们，是因为，这些东西不是做出来的，而是由他们创造性地发现的。"

对于那些奥运金牌获得者来说，他们的成功并不仅靠他们的运动技术，而且还靠其远大目标的推动。商界领袖也一样，政界精英亦然。伟大的目标就是推动人们前进的动力。

一位医生对活到百岁以上的老人所拥有的共同特点做过大量研究。他叫大家思考一下什么是这些百岁老人共同的特点，大多数人以为医生会列举饮食、运动、节制烟酒以及其他会影响健康的东西。然而，令听众惊讶的是，医生告诉他们，这些寿星在饮食和运动方面没有什么共同特点。他们的共同特点是对待未来的态度——他们都有人生目标。

制订人生目标未必能使你活到100岁，但必定能增加你成功的机会。人生倘若没有目标，你也许会一事无成。正如贸易巨子J·C·宾尼所说："给我一个心中有目标的普通职员，我能使他成为创造历史的人；给我一个心中没有目标的人，我只能给你一个平凡的职员。"

■ 目标帮你改变人生

目标具有神奇的推动力，但是，当人们觉得自己的目标并不重要时，他们为达到目标所付出的努力就没有什么价值。如果他们觉得自己的目标很重要，情况就会相反。为什么人们必须把目标建立在自己的理想上面呢？这就是原因之一。如果你的各个目标组合成了你所珍视的理想，那么你就会觉得为之付出的努力是有价值的。

同样，目标对于一个组织团体来说也是必不可少的，对于组织团体里的每一个人都是很重要的。有些企业运作欠佳，最常见的问题是员工缺乏热情。这些人终日兢兢业业，除了完成手头的日常工作外，并无明确目标。没有热情的人是不会有大作为的。

相反，如果机构里的员工心中有目标的话，大家就有士气，热情高涨。目标使人们心中的想法更具体化，更易实现。大家能明确要瞄准什么，干起活来心中有数。

奋斗者一旦有了目标，总是能主动出击，而不是亡羊补牢。他们提前谋划，而不是等别人的指示。他们不允许其他人操纵他们的工作进程。不事前谋划的人是不会有明显和顺利的进展的。《圣经》中的挪亚并没有等到下雨才开始造他的方舟。

目标使人们产生事前谋划的动力，目标迫使人们把要完成的任务分解成可行的步骤。正如富兰克林在自传中说的："我总认为一个能力很一般的人，如果有个好计划，是会有大作为、会为人类作大贡献的。"

目标给予人们把握现在的力量。人在现实中通过努力实现自己的目标。正如希拉尔·贝洛克所说："当你为将来做梦或者为过去而后悔时，你唯一拥有的现在却从你手中溜走了。"

虽然目标是朝着将来的，是有待将来实现的，但目标使我们能把握住现在。为什么呢？因为大的任务是由一连串小的任务或小的步骤组成的。要实现任何理想，都要制订并且达到一连串的目标。每个重大目标的实现都是几个小目标、小步骤实现的结果。所以，如果你集中精力于当前手上的工作，心中明白你现在的种种努力都是为实现将来的目标铺路，那你就能成功。

还是道格拉斯·列顿说得好："你决定人生追求什么之后，你就做出了人生最重大的选择。要能如愿，首先要弄清你的愿望是什么。"有了理想，你就看清了自己最想取得的成就是什么。有了目标，你就会有一股顺境也好逆境也罢都勇往直前的冲劲。你的目标使你能取得超越你自己能力的成就。你必须要有精彩的目标。当你有了精彩的目标时，你才会有伟大的成就，你的人生才够精彩。

卡耐基成功信条

■ 目标，能唤醒人，能调动人，能塑造人，目标的力量是难以估量的。有了目标，内心的力量才会找到归宿。

■ 人生的精彩来自于目标的精彩。一个人之所以能够拥有一个精彩的人生，就在于他有一个精彩的目标。

■ 正如贸易巨子 J.C. 宾尼所说："给我一个心中有目标的普通职员，我能使他成为创造历史的人；给我一个心中没有目标的人，我只能给你一个平凡的职员。"

卡耐基成功金钥匙

所谓精彩的目标是指最能激发你生命力、最能发挥你创造性才干的目标。它是你生命的本质所在，实现了这个目标，也就实现了你人生的价值。

第二章 做好一生的规划

确立人生的起跑点

■ 人生四步曲

  人生的全流程，虽是一个连续不断的时空整体的客观存在，但它明显地划分为几个阶段。把人生流程中生理年龄、人的成熟和发展过程以及主要内容的更替综合起来看，人生流程分为四个大阶段较为科学，每个大阶段内又可分几个小段。自降生至 18 岁，我们称之为人生流程的补建期。如果说任何人对自己所获得的遗传因素、母体条件都无法选择的话，那么我们就可以降生为界，降生以前主要是获得先天的生理预应力，出生后社会环境便开始施加影响以造就其社会适应力，从而提高其对社会的适应能力。第二个阶段是成熟期，即 18 岁到 25 岁左右，是充满理想、浪漫色彩和激情的青年期。这个时期，我们努力总结在补建期所得到的一切知识和社会经验、实践体会，中心任务是使自己初步成熟起来。这一时期有两个明显标志：一是初步形成世界观，即获得社会观、人生价值观，认识方法协调统一化，形成对客观世界的整体性认识；二是基本选定了一生所从事的事业的目标。在这个阶段，人生的中心任务就是要全力促进成熟。早成熟早立志，就可以早进入创造期，早出成果，为社会多做贡献。第三个阶段是创造期，即 25 ~ 55 岁左右这个年龄段。这是人生全程中的黄金时期，无论从事什么工作的人，这个阶段都是进行创造性工作的最佳时期。不仅因为这个年龄段的人年富力强，而且因为他们积累了丰富的经验，历经了磨炼，这使他们有稳定的情绪和持久的耐力。第四个阶段是总结期，即 55 岁以后。这个时期，因年龄增长所发生的心理变化，以及体力精力的减退，迫使人不得不离开第一线，做一些总结切身经验的工作。

如果把人生比做是运动场上的竞赛，那么，补建期就好像运动员竞赛前的预备活动期，而成熟期就是运动员在选择自己的起跑点，创造期就是正式竞赛中的角逐。不同点在于，运动场上的竞赛是练兵千日于瞬间决一雌雄，而人生的竞争则是集千万个瞬间的科学灵感和运动场上的冲刺比高低。要说哪一个容易哪一个难，不好分辨，但有一点可以肯定：人生漫长的征途上更需要持久的耐力。

■ 起跑点很重要

人生起跑点的选择，对于人的一生有重要作用。一开始起跑点就选得准确，总比几经周折年近迟暮还在徘徊之中要好得多。不少人青年时代就功成名就，不能不说与他的人生起跑点选择得准确有关。

有的人说："选择目标，实际上是自己设计自己的过程。自己设计自己，首先要考虑社会的需要、时代的需要，还要考虑自己的所长和爱好。"持这种主张的人认为，选择人生目标就是自己设计自己。我们并不完全同意这种主张，因为选择人生目标仅仅是人生设计的一项内容，而不是人生设计的全部内容。人生设计除目标设定外，还包括阶段规划、环境分析、反馈和核心内容的研究等。而目标的选择，仅是确定人生起跑点的前提之一。

该如何确定自己的人生起跑点呢？用我们的话来说，就是在对自身条件优劣和环境利弊的自觉认识的基础上，根据扬长避短的原则，按照社会需要所指示的方向，在环境的最大容许度内确立自己的人生起跑点。

身处顺境，依自己对于宏观和微观的自觉认识的水平及对自己的长处短处的自觉认识，确立自己所从事的事业（范围或更具体到特定项目）的目标，这就是人生起跑点。

身处逆境，同样也应依照对环境和自身的自觉认识水平，确立一生所从事的事业的目标。一般有两种情况：一种是在微观环境容许度以内确立，叫作安全性人生起跑点；另一种是在微观环境容许度之外，依自己对宏观需要的自觉认识确立的目标，叫作风险性人生目标。

上述关于人生起跑点的思想在确立过程中所涉及的因素和判断过程是一致的，不同仅在于是担风险还是找安全。

卡耐基成功信条

■ 从一开始就选准起跑点。

■ 不少人青年时代就功成名就，不能不说与他的人生起跑点选择得准确有关。

卡耐基成功金钥匙

人生起跑点的选择，对于人的一生有重要作用。起跑点选对了，将事半功倍，早一步获得成功。人生就像一盘棋局，在哪里布下你的第一颗子，将关系到你整个人生棋局的发展。

描绘生命的蓝图

生命比盖房更需要蓝图，然而很多人从来没有计划过生命，每天只是醉生梦死地度过。

成功人士和平庸之辈的差别就在于前者为生命计划，确定一生的方向。我们可以为生命做出计划，如拟订 10 年、5 年、3 年计划；或拟订最接近此刻的 1 年计划；最后是短期计划，如 1 月、1 周、1 天计划。

1. 订出一生大纲：你这一辈子要做什么？当然，有很多事只能订出个大概，但你可以好好选择自己所喜欢做的事。

你退休后要做什么？你的第二阶段要怎么过？也许你要终日徜徉于山水之间。如果现在你还不到 30 岁，以后也不想退休，那就不必为这些烦恼。

2. 20 年大计：有了大概的人生方向，就可以拟订细节。第一步是 20 年，订下这 20 年内你要成为什么样子，有哪些目标要完成。然后想想从现在起，10 年后你要成为什么样的人。

3.10 年目标：20 年大计一定要 20 年才能完成吗？不一定。你越富裕，就越快达到目标。

4.5 年计划：只需要一台计算机和几秒钟时间，你就知道 5 年内要赚多少钱。

5.3 年计划：3 年是重要的一环，一生大计通常只是简单的方向，而 3 年计划是最重要的决定点。

6. 明年计划：这是你每周至少要检视一次的预算表和工作计划。每年都要有计划，计划要尽量简单扼要，以数字为主，像赚得的金额、认识的人数等。12 个月的计划不是论文，而是行动大纲。

7. 下月计划：认真地执行下个月的计划。以每月 15 号开始算起，是最适合的日子。

8. 下周计划：对大多数人而言，这是时间计划的关键所在。

9. 明日计划：这是最具体的生命计划。

别被 20 年大计吓倒了，好好写下来，修改是难免的。订计划是件愉快的事，而非一项任务。如果你的计划是一串上升的数字，你很快就会对它产生兴趣。

如果短期计划超过了 90 天，你会对它丧失兴趣。把它分解成单项，然后逐一在 90 天内完成。

只有知道自己需要什么，你才能更肯定地实现目标。

卡耐基成功信条

■ 为生命做出一个整体计划。

■ 成功人士与平庸之辈的差别就在于前者为生命计划，确定一生的方向。

■ 只有知道需要什么，你才能更肯定地实现目标。

卡耐基成功金钥匙

精心计划是成功人生的前提条件。譬如盖房子，先得有一个蓝图，盲目地添砖加瓦，难免要倒塌。描绘出生命的蓝图，让自己对整个人生胸有成竹，将使你做任何事情都目标明确，并可以持续激发你内在的热情。

不断翻新人生计划

■ 人生动态调整的五种形式

执著的追求是应该嘉许和称道的。但如果明知道不行，却仍一条巷子走到黑，或明知客观条件造成的障碍无法逾越，还要硬钻牛角尖，这就不可取了。

目标、志向的调整，实际上是一种动态调整，是随机转移的。若你发现原来确定的目标与自己的条件及外在因素不适合，那就得改弦易辙，另择他径。

这种动态调整有以下几种基本形式：

一是主攻方向的调节。若原定目标与自己的性格、才能、兴趣明显相悖，这样，目标实现的概率趋向于零。这就需要适时对目标作横向调整，并及时捕捉新的信息，确定新的、更易成功的主攻目标。

扬长避短是确定目标、选择职业的重要方法。在科学、艺术史上，大量人才成败的经历证明，有的人在某一方面具有良好的天赋和能力，但他不可能有多方面的强项。有的人在研究、治学上是一把好手，而一到管理、经营的岗位，他就一筹莫展，能力平平，甚至很差。

二是在原定目标基础上的调节。就是主攻方向不变，只是变革层次的调整。若是原目标定得过高了，只有很小的实现可能，就必须调低，再继续积累，增强攻关的后劲；若原目标已实现，则要马不停蹄地制订新的更高层次的目标；若原目标定得太低，轻易就能跃过，则要权衡自己的能力、水平，将目标向上升级。

实现目标自然需要长期的努力。在为人生目标奋斗时，不能幻想一劳永逸，而要务实笃行、稳扎稳打、奋力前行。同时，也要看到，每取得一点成功，都是向总目标靠近了一步；取得了全局性的成功，也不是目标的终止，而恰恰是向更高一级目标攀登的开始。

三是在获得信息反馈之后调节。即在原定目标中受挫而幡然醒悟，调整通道，重新把目标定在自己拿手的领域。

美国科学家迈克尔逊，青年时曾入海军学校，但他学习成绩很差，特别是军事课，长期不及格。学校多次批评教育，仍然不起作用，最后学校不得不把他开除。但是，他对物理实验却非常感兴趣。被开除后，他投入到对物理的学习和研究中，很快就显示出才华。他孜孜不倦，刻苦钻研，不断攀登了一个又一个高峰，终于做出了被誉为"迈克尔逊光学实验"的伟大创举，为相对论奠定了实验基础，成为美国第一个获得诺贝尔奖的人。

四是从预测未来中进行调节。社会的需要和个人的兴趣、才能、性格等都经常会发生变化。要善于打一个"提前量"，进行预测，比如才能的发展与年龄大小关系极大，任何才能都有其萌发期、发展期和衰退期，这样顺势而为，做出设想、规划，显然对目标定向是大有益处的。

■ 何时更新人生计划

那么目标在什么情况下需要适时调整呢？一般来说，如下几种情况必须调整人生目标：

第一，环境发生重大变化的时候。任何人的人生目标都是特定时代、特定环境的产物，而各种环境中主要是社会环境对人生目标具有决定作用。社会环境、自然环境的变化，会影响人生目标的变化。特别是重大的环境变化，常造成人生目标的重大改变。

所谓环境的重大变化时刻，是指两个方面发生的重大变化：一是国内外经济、政治、思想文化领域的大动荡；二是人们家庭的经济、政治、亲属关系等发生重大变化。这两个方面发生的重大变化，对人生目标都将产生影响。我们的原则是，无论环境发生什么变化，具体的目标（某个阶段的目标或某个方面的目标）可以变通，随时作好调节，但总目标应该矢志不移。

第二，在人才竞争的胜败转折的时刻。奋斗中的成与败，常常形成人生道路的转折点，这已为无数事实所证明。

第三，人生总流程中，前后两个阶段相更替的时刻。这种时刻，被称为人生转折时刻。这种转折，或发生在人的生理发生转折时（发育和疾病造成的），或发生在人的社会地位发生突变的时候，或发生在人的社会智能结构发生质变前后……总之，是人自身某种或某些条件发生重要变化的时刻。这个时刻也是容易引起人生目标发生改变的时刻。我们应努力防止在人生转折时刻发生人生目标的不良转变，防止因社会地位升高或降低而腐化或丧志，因疾病而颓丧，或因智能提高而骄傲，应使人生目标始终保持正确的大方向，具体目标始终切实可行。

卡耐基成功信条

■ 适时调整自己的目标、志向。

■ 执著的追求是应该嘉许和称道的。但如果明知道不行，却仍一条巷子走到黑，或明知客观条件造成的障碍无法逾越，还要硬钻牛角尖，这就不可取了。

■ 为目标下定义，不断修正，相信它会实现——成果就这样出现了。

卡耐基成功金钥匙

人生计划并非一成不变，要及时根据新出现的情况做出调整。制订人生目标时，不能定得过于刻板，要留有灵活变化的余地。

> > > > >

第二部

擦拭心灵 享受生活

第一章　培养快乐的心情

态度决定生活

■ 最重要的一课

有人曾问我："你所学到的最重要的一课是什么？"

这个问题对我来说很简单，我一直认为，我所学到的最重要的一课，就是"思想的重要性"。只要知道对方心里想些什么，就可以知道他是一个什么样的人，因为一个人的思想决定着他的性格特征。爱默生曾说过："一个人就是他成天所想象的那个样子，他不可能以别的面目出现。"可见，我们的命运其实也取决于我们有着怎样的心理状态。

所以，我可以肯定地告诉你，我们所必须面对的最大的问题就是如何选择正确的思想，事实上这也是我们需要认真应对的一个问题。如果我们可以做到这一点，那么其他许多问题就可以迎刃而解。曾统治过罗马帝国的伟大哲学家马卡斯·阿理流士对此曾有一句非常精辟的总结：生活是由思想形成的。

这话说得非常有道理。如果我们整天想的都是快乐的事情，那么我们就可以获得快乐；如果我们成天被悲伤的事情缠绕，那么我们得到的就只是悲伤；如果我们整天生活在恐惧之中，陪伴我们的就只是恐惧；如果我们心里充斥的全都是失败，那么我们就只能迎接失败；如果我们成日沉浸在自我哀怜之中，那么别人对我们将唯恐避之不及……诺曼·文森·皮尔就此评析道："你并不是你想象的那个样子，但你会是你所想的那种人。"

　　我这样讲，是不是在暗示各位都应该用习惯性的乐观态度去应对一切困难呢？不，不是的。因为生命不会这么简单，但是我还是要鼓励大家尽力采取积极正面的生活态度，避免消极反面的态度。也就是说，我们必须关注我们所面临的问题，并且以积极的心态去面对，而不能为此整天忧心忡忡。

　　那么，关注和忧虑之间的区别到底在哪里呢？我可以举一个例子来解释，让你对这个问题更明白：我每天都要通过交通拥堵的纽约市街区，在街上行走时，我会对正在做的这件事非常注意，但我并不会为汹涌的人潮车流忧虑。关注就是指要了解问题出在什么地方，然后镇定自若地采取各种措施予以解决；而忧虑则是盲目而疯狂地乱转圈子。

■ 从大明星到穷光蛋

　　我的朋友罗维尔·托马斯是著名的新闻评论家和电影制片人。他拍过一部关于亚伦贝和劳伦斯在一战时期出征的影片。为此，他曾亲赴巴勒斯坦，在昔日的战争前线拍摄了大量的战争镜头，用胶片记录了劳伦斯和他统率的那支著名的阿拉伯军队，还记录了亚伦贝征服圣地的经过。他那贯穿于影片始终的著名演讲"巴勒斯坦的亚伦贝与阿拉伯的劳伦斯"，使整个伦敦乃至全世界都为之轰动。他最终因此片功成名就。

　　可接下来，不过几年时间，在经历一连串难以置信的打击后，他发现自己破产了。当时，我正好和他在一起。我记得那时候我们常常只能吃很便宜的东西，有时甚至连买这点儿便宜食物的钱都没有。幸好，有一位熟识的苏格兰画家时常借给我们一点儿钱，否则我们真不知道该怎么办。

　　罗维尔·托马斯从万人瞩目的大明星一夜之间沦为穷光蛋，命运的玩笑实在开得太大了。面对巨额债务，他也曾陷入极度的绝望之中。不过，他很快就从忧虑中走了出来。他非常清楚，一旦他被厄运打垮，他在别人眼中就一文不值了，尤其他的债主们更会这么看他。所以，他每天早上出门办事之前，都会给自己买一朵鲜花插在上衣口袋中，然后昂首挺胸地走在牛津街头。他的内心洋溢着积极与勇敢，他决不会让挫折把他击垮。对他而言，挫折只不过是整个事情的一部分，是攀上高峰前必须接受的有益磨炼。

■ 心理对生理的影响

我们的精神状态会对我们的身体和力量产生令人无法想象的影响。英国著名心理学家哈德非就曾在他的著作《力量心理学》中，通过实验解释了这一情况。

为了测试心理对生理的影响，他请来三个人，要求他们在三种不同的情况下，竭尽全力握紧握力计。第一次实验，三人都是在一般的清醒状态下，结果平均握力达到了101磅；第二次实验，则是把他们催眠，然后告诉他们说他们非常虚弱，结果平均握力只有29磅，还不到正常力量的1/3；第三次实验，三人仍是在被催眠状态下，这次他们被告知他们非常强壮，结果非常惊人，这次的平均握力竟然达到了142磅。当他们在内心非常肯定地认为自己有这种能力之后，他们的力量几乎增加了50%。

这就是令人难以置信的心理力量。

■ 给自己一个机会

恩格莱在十年前患了猩红热病，好不容易康复后，又得了肾病。他四处求医问药，甚至找了不少偏方，可怎么也治不好他的病。不久前，他又得了另一种并发症，血压一下升得很高。去医院检查后，医生说，恩格莱的血压已经升到214的最高值，这种情况太严重了，从理论上来说已经没有救治的希望了。他建议恩格莱的家人赶快准备后事。

恩格莱回到家，查清楚自己已经付清了所有的保险账单后，陷入了沉思。他向上帝忏悔他以前做过的所有错事，并为自己给家人增添了无数负担而深深自责。他的家人都为恩格莱的病情感到非常难过，恩格莱也被悲观和恐惧的情绪完全包围。

就这样，经过了一个星期的自我怜悯，恩格莱突然看开了。"你这个大傻瓜，为什么一定要这个样子？你在一年之内可能还死不了，为什么不趁现在还活着的时候，快快乐乐地生活呢？"他看着镜子自言自语。

从那一刻开始，恩格莱挺起了胸膛，脸上也有了笑容。他尽力让自己表现出似乎一切都很正常的样子。刚开始的时候，恩格莱还强颜欢笑不起来，可一想到自己的家人，他还是强迫自己开心、高兴。过了没多久，他发现自己感觉好多了，几乎就和他为了假装而表现出来的一样好。这种感觉一直持续了下去，一直到了今天——按医生的说法，恩格莱今天应该已经躺进坟墓几个月了。现在的恩格莱活得很好，他每天都很快乐，也很健康，他的血压也降下去了。他说："如果我一直想自己会死的话，那个医生的预言就实现了。可是我给了自己一个机会，使我的身体能够自行恢复。是快乐的心态救了我的命。"

当你能够用行动显示出你的快乐时，就不会再忧虑和颓丧了。恩格莱之所以还活着，就因为他发现了这个秘密。

■ 快乐的获得离不开心态的改变

我认识的另一位女士如果也能认识到恩格莱发现的秘密的话，她也完全可以把自己所有的哀愁在一天之内全部抛弃。

她已经上了年纪，丈夫早已去世。这确实是悲惨的命运，但是她完全可以试着让自己变得快乐些。可如果有人问她感觉如何，她总是会说："哦，我还不错。"但她脸上的表情和声音里所隐含的那种无病呻吟和哀怨的气息就好像在告诉人们："上帝！你要是遇到了我所经历的烦恼，就能明白一切了。"似乎你以快乐的姿态站在她面前都会使她讨厌你。

可这世界上比她情况还要糟糕的女性大有人在。尽管她的丈夫给她留下了足够过上不错生活的遗产和保险金，她的儿女也都早已成家立业，可我们还是很少看见她露出笑容。她总是在不停地抱怨，抱怨她的三个女婿对她不好，抱怨自己的女儿不给自己买礼物。可事实却是——她轮流去三个女儿家住，每家一住就是几个月，女儿和女婿从来都没有嫌弃过她；而她从来都舍不得掏出自己的钱，说是"为将来作打算"，不过女儿和女婿们都没有为此介意。

不过说实话，无论是对她自己还是对她那些不幸的家人来说，她都确实是一个让人讨厌的人。这才是她最可怜的地方。因为她本来可以使自己从一个既忧愁又挑剔而且总是很不高兴的老太太，变成在家里受人敬重和喜爱的长辈，只要她愿意，她完全能做到这一点。如果她想要实现这样的转变，那她只需改变心态，快快乐乐地活着，觉得她还有一点点爱可以给别人，而不是像现在这样，老在谈自己的不幸和不愉快。

■ 一次神奇的体验

有一种令人难以相信的转变可以证明思想的力量，这事发生在我的一个学生身上，他曾因为忧虑过度而经历了一次精神崩溃。

他对任何事都感到忧虑：担心自己太瘦弱了，担心自己正在掉头发，担心自己永远都赚不到足够的钱来结婚，担心失去自己心爱的女孩，担心不能给别人一个好印象，担心自己得了重病……这样无休止的担心和忧虑，导致他的内心越来越紧张，当内心的压力到了他难以承受的程度时，他走向了精神崩溃。

后来他决定去佛罗里达旅行，希望换个环境会对他有好处。临上火车时，他父亲给了他一封信，并告诉他等到了佛罗里达再拆开。他到了迈阿密后，因为正是旅游旺季，旅馆房间全都客满，他只能住进汽车旅馆。他想找一份工作，可到处都找不到，他感觉在这里比在家更难受。这时，他拆开了父亲的信。

他的父亲在信中写道："亲爱的儿子，你现在在离家 1500 英里的地方，但是你并没感觉到有什么不一样，对吗？我也知道你不会觉得有什么不同，因为你还带着你所有麻烦的根源，那就是你自己。其实，无论是你的身体还是精神状况，都没有任何问题，因为这一切都不是真实环境使你遇到的挫折，而是由你的臆想造成的。总之，一个人心里想什么，他就会成为什么样子。当你明白了这一点之后，亲爱的儿子，回家吧！因为这时的你就能医好你自己了。"

父亲的信令他非常生气，他认为自己需要的是同情，而不是这种教训。他甚至准备再也不回家了。到了晚上，当他经过一个正在做礼拜的教堂时，因为没什么地方可去，他就拐进去听了一场布道，布道的题目是"能征服精神的人，强过攻城略地"。他父亲在信中所说的，竟然和这神圣的殿堂里传出的声音完全一样，这促使他开始理智地思考，最后他终于发现了自己以前是多么的愚蠢。

第二天清早，他就收拾行李回家了。一周之后，他又回去干他以前的工作。四个月后，他和他曾害怕失去的女孩结了婚，现在他们已经有了五个小孩。上帝从这一刻起也开始对他格外关照——他精神崩溃前只是一个小部门的工头，现在他成了一家工厂的厂长，生活得很充实美好。

他非常坦诚地告诉我："我要感谢那次精神崩溃，它使我发现思想原来对人的身心有那么大的控制力。我现在已经懂得如何使思想为我所用，而不会对我造成任何损伤。经过这么些年，我如今才知道我父亲那次对我说的是正确的——使我痛苦的，确实不是外在的因素，而是我自己对各种事情的看法。当我明白这点后，一切都改变了，我完全好了，也再没有生过病了。"

这就是我的学生那神奇的亲身体验。

■ 心境决定快乐与否

我深信，我们内心的安宁和我们从生活中得到的快乐，并不是因为我们在什么地方、我们拥有什么，或者我们是什么人而决定的，它只取决于我们选择什么样的心境，外在的因素并不能带来多大的影响。

伟大的诗人弥尔顿在经历过双目失明的痛苦之后，也发现了同样的道理："思想的运用和思想的本身，能把地狱改变为天堂，或者把天堂改变为地狱。"也就是说，人心即天堂，人心也即地狱，天堂与地狱全在人心一念之间。

拿破仑和海伦·凯勒就是弥尔顿这句话的极好佐证。拿破仑拥有至高无上的荣耀、权力和财富——这些全都是普通人梦寐以求的一切，可是拿破仑却对别人说："我这一辈子从来没有过过哪怕只有一天的快乐的日子。"而海伦·凯勒集盲、聋、哑三种最不幸的残疾于一身，可谓悲惨到了极点，但她却宣称："我发现生命是如此美好。"

所以，你要是问我这半个多世纪的经历让我学到了什么东西的话，我可以告诉你的就是——除了你自己，没有其他东西能给你带来平静。

所以，如果我们想培养快乐的心境，请记住：有了快乐的思想和行为，你就会感受到快乐。

卡耐基成功信条

■ 我一直认为，我所学到的最重要的一课，就是"思想的重要性"。只要知道对方心里想些什么，就可以知道他是一个什么样的人，因为一个人的思想决定他的性格特征。

■ 我们所必须面对的最大的问题就是如何选择正确的思想，事实上这也是我们需要认真应对的一个问题。如果我们可以做到这一点，那么其他许多问题就可以迎刃而解。

■ 如果我们整天想的都是快乐的事情，那么我们就可以获得快乐；如果我们成天被悲伤的事情缠绕，那么我们得到的就只是悲伤；如果我们整天生活在恐惧之中，陪伴我们的就只是恐惧；如果我们心里充斥的全都是失败，那么我们就只能迎接失败；如果我们成日沉浸在自我哀怜之中，那么别人对我们将唯恐避之不及……

■ 关注就是指要了解问题出在什么地方，然后镇定自若地采取各种措施予以解决；而忧虑则是盲目而疯狂地乱转圈子。

■ 思想的运用和思想的本身，能把地狱变成天堂，或者把天堂变成地狱。要是一个人把他的思想朝着光明的一面，他就会惊讶地发现，他的思想对他的生活产生了巨大的影响。

■ 生活是由思想形成的。所以，我们应该竭力消除思想中的错误想法，这比割除身体上的肿瘤和脓疮更重要。

卡耐基成功金钥匙

有句话相信大家一定都已耳熟能详："性格决定命运，态度决定生活，境界决定质量。"人生就是一项自己做的工程，我们今天做事的态度决定了明天住的房子。今天的努力，会在三年后的生活中反映出来；今天承受的生活，正是三年前的工作决定的。通常，世界是难以改变的，那么，我们能做的就是改变自己的态度。不同的思维决定不同的出路，一个人在做人做事中变换角度看问题，既可以提高成功概率，又能提升愉悦程度。人类最奇特的特征之一，就是能把负面的力量变成正面的力量。如果你改变对这个世界的信念和看法，你的人生也会随之改变。

施恩不图报

■ 不要指望别人知恩图报

我认识的一个商人，最近正为一件事怒气冲天。其实这件事已经过去了11个月，但他仍然耿耿于怀，直到今天还难以平抑内心的愤怒。

我问他是什么事，他愤愤不平地告诉我，他给他公司的34位员工总共发放了1万美元的年终奖金，可居然没有一个人向他表示感激，连一句"谢谢"的话都没听到。他很伤心地抱怨道："我现在追悔莫及，早知道我应该一分钱都不给他们。"

这其实没什么好奇怪的，不只他一个人遭遇过这种情况。假如你给你亲戚100万美元，你能想得到他还会骂你吗？你一定认为他会对你感恩戴德、感激涕零。按照前面那位先生的想法，他更应该为你肝脑涂地才对。可是安德鲁·卡耐基就没有这份幸运，假如他现在能死而复生的话，他一定会非常惊诧地看到那位亲戚正在用极其恶毒的语言来咒骂他。他为什么这样做？因为安德鲁·卡耐基临终前给公共慈善机构捐款3.65亿美元，所以这位亲戚在怪他"只给了区区100万"。

查尔斯·舒韦伯也曾告诉我，有一次他工厂里一位出纳员偷偷将工厂存在银行的钱挪用，拿去投资股票了，结果投资失败，亏得一塌糊涂。这事东窗事发后，出纳员还不起亏欠公款，面临坐牢的命运。最后还是舒韦伯出面向法官求情，并自掏腰包补足了亏空，才使这位出纳员免受牢狱之灾。这人后来感激舒韦伯了吗？他确实感激了很短的一段时间，但很快就翻脸不认人，经常背后说舒韦伯的坏话。

在这里，我想说的是，人类的天性其实是很容易忘记感恩的。如果某个人希望别人对他的恩惠表示感激，这只能说他不完全了解人性，不过这也是一般人共有的毛病。

萨缪尔·约翰逊博士曾说："感激别人的恩惠是良好教育的结果，但在一般人中间很难找到。"

■ 得到快乐的最好方法

人类的天性是很容易忘记对别人表示感激的，所以，假如我们对别人施给一点儿小小的恩惠就希望对方感激的话，那我们一定会非常头疼。

纽约有一位女士，一个人孤独地生活在自己的家里，可她的亲戚却没有一个人愿意亲近她。如果你去看望她的话，她一定会拉着你不断地述说她曾经是如何对她的侄女们好，她们小时候生病都是她照顾的，多年来一直是她为侄女们提供吃住，还资助其中一个读完大学，另一个侄女也一直在她家住到结婚嫁人。

她的侄女们不来看她吗？偶尔会来，而且只是为尽义务。她们很怕来这里，因为一来就必须坐在那里几个小时，听姑妈指桑骂槐，还得听她那永无休止的抱怨和自怜。后来，当她再也无法用威逼利诱的手段让侄女们来看她时，她使出了一招撒手锏——心脏病发作。

可她真的有心脏病吗？医生们说她有一颗"很神经质的心脏"，所以才会发生这样的病症。而医生们也对此束手无策，因为这完全是情感上的问题。

这位女士真正需要的是爱和关心，可她却认为应该是"知恩图报"。所以，她永远得不到感恩和爱，因为她是在强求，并认为这是她理所当然应该得到的。

世界上不知道有多少这样的女人，她们都希望别人知恩图报，希望得到他们的爱，希望不要被人忽视。可是在这个世界上，得到爱的最好办法就是不再去企求，就是立即开始付出，并且不要寄希望于得到回报。

这听上去是不是很荒谬很不切实际呢？我可以肯定地告诉你，这是得到快乐的最好方法。我可以拿我家的经历做例子：我的父母总是乐于帮助别人，每年他们都会尽量想办法给孤儿院送点钱——要知道，当时我家很穷，总是债台高筑。那个孤儿院在爱荷华州，而我父母一生都没有去过那里。也许除了写信以外，从来没有人为他们的捐款而感谢他们。可他们却认为自己其实得到了非常丰厚的回报，因为他们从帮助孤儿中得到了乐趣，所以并不希望或等待别人来感激他们。

等到我出来工作后，每年的圣诞节我都会寄张支票给我的父母，让他们去买一点儿好东西。可他们很少这样做，他们会去买些煤和日用品，把它们作为圣诞礼物送给那些困难的人们。他们在送出这些礼物的时候，也得到了很多快乐，那种只求付出不图回报的快乐。

亚里士多德曾说："理想的人，以对人施惠为快乐，却会因别人施惠于他而羞耻。"我相信，我的父母有资格做亚里士多德所说的理想的人，也是最快乐的人。

■ 享受施惠的快乐

我们不要去想对方是感恩还是忘恩，只需要去享受施惠的快乐。

卡特莱特是一位非常老实善良的好好先生，可他老在抱怨自己的两个养子对他不知感恩。他的抱怨是有道理的。他在一家小工厂工作，一个星期的薪水不到 40 美元。后来，他和一个寡妇结了婚。妻子带来了与前夫生的两个儿子，一家人的日常生活开支全寄托于卡特莱特那不足 40 美元的周薪。两个养子能够读完大学也全是靠卡特莱特四处借钱才支撑下来。为了偿还债务，还要应付全家人的生活开支，卡特莱特苦苦干了四年，却从未为此抱怨过一句。

这么一个伟大的男人，他的家人有没有对他表示哪怕一丁点儿的感激？没有，他的妻子认为这是理所当然的，两个养子和母亲的意见一样。他们不认为欠了养父什么情，因此一句谢谢的话都没有。

这事该怪那两个孩子吗？他们显然做错了，可错误的根源在于他们的母亲。她认为不该为此给孩子增加负疚感，不想让两个孩子觉得自己欠别人什么，所以她从来没有教导两个孩子说："你们的养父实在是个大好人，是他使你们得到了读完大学的机会。"她反而说："这是他应该做的。"

她以为这样做有利于她的孩子，可实际上却让他们刚踏入社会就走进观念的歧途，认为全世界都欠他们，这观念实在太可怕了。可怕的观念终于带来苦果，后来，其中一个儿子就因为经济问题进了监狱。

这里我再次拿我的家人举个例子：我的姨妈维奥拉·亚历山大就从来不会担心她的孩子们忘恩。在我童年时，姨妈把我的外婆接到家里来照顾，同时也照顾她的婆婆。两位老太太会不会给姨妈添许多麻烦呢？我想应该是肯定的。但在我们童年的记忆里，维奥拉姨妈的脸上一点儿也看不到烦躁与抱怨。她很爱两位老人，所以总是顺从她们、关爱她们，让她们在她家过得非常舒适。除了要悉心伺候好两位老人，维奥拉姨妈还有六个小孩。这么多人要全部一个一个地全部照顾好，这可是一个艰巨的任务。可她一点儿也不感到麻烦和劳累，对她来说，这是很自然的，是她的分内事，而且她很愿意做这些事。

维奥拉姨妈现在过得怎么样呢？她已经是七十多岁的老太太了，孩子们全都长大成人，各自有了自己的小家庭。他们都争着要把母亲接到自己家来住。他们非常爱戴他们的母亲，谁都不想离开她。这是因为感恩吗？不，这是爱，纯粹的爱。在孩子们的童年时代，母亲用自己的行动让他们懂得了爱心的温暖。现在，母亲老了，他们长大了，他们也能为母亲付出爱心，这有什么好奇怪的呢？

所以，我们一定要记住：子女的行为完全取决于父母的教化，如果我们要教育出感恩图报的孩子，自己就一定要先身体力行地去做懂得感恩的人。

《福音书》中曾记载，耶稣基督曾在一个下午治好了十个麻风病患者，这些人里只有一个人向他道了谢。那么，为什么我们都希望在对别人施了一点儿小恩小惠后，就得到比耶稣还多的感恩呢？

所以，我们要记住：不要因为别人的忘恩负义而忧伤气愤，要认为这是一件很自然的事；找到快乐的最好办法，就是对人施恩而不图回报，只为了施恩的快乐而施恩；如果我们想要自己的孩子懂得感恩，就一定要身体力行地培养他们这样去做。

卡耐基成功信条

■ 感激别人的恩惠是良好教育的结果，但这在一般人中很难找到。

■ 我们不要去想对方是感恩还是忘恩，只需要去享受施惠的快乐。

■ 在这个世界上，得到爱的最好办法就是不再去企求，就是立即开始付出，并且不要寄希望于得到回报。

■ 子女的行为完全取决于父母的教化，如果我们要教育出感恩图报的孩子，自己就一定要先身体力行地去做懂得感恩的人。

■ 找到快乐的最好办法，就是对人施恩而不图回报，只为了施恩的快乐而施予恩惠。

卡耐基成功金钥匙

快乐不仅仅是拥有和得到，更在于付出和奉献。做一个施恩不图回报的人，怀着一颗仁慈、博爱、善良的心，帮助了别人，快乐了自己，你也会从中感到自我的价值，这就是幸福。我们提倡施恩不图回报的高尚品格，也要提倡知恩必报的品质。其实，施恩与报恩都是一种爱，做一个施恩不图回报或知恩必报的人，都是幸福而无愧的人；时刻心怀施恩和感恩的人，都是有情有义的人。

发现事物积极的一面

■ 如果只有一个柠檬，就把它做成柠檬汁

已故的前西尔斯公司董事长特利亚斯·罗森沃说："如果只有柠檬，就做一杯柠檬汁。"

这是一个伟大的强者的做法，而自卑的人则刚好相反。如果命运只给了他一个柠檬，他就会说："我完了，我没有任何机会了。这就是命运！"

然后他就开始自暴自弃，诅咒这个世界的一切，使自己终日沉溺在自怜之中。自信的人得到柠檬后，他会问自己："我可以从这件不幸的事中学到什么？我该怎样改善我的状况？怎样才能把这个柠檬做成一杯柠檬汁呢？"

心理学家阿德勒在花费毕生精力研究人类未曾开发的潜在能力之后，认为人类最奇妙的特性之一，就是能"把负面改变为正面的力量"。

■ 我看到了星星

塞尔玛·汤普森的先生是一名职业军人，驻防在加州莫卡佛沙漠附近的军营里。为了离他近一点，塞尔玛也搬到了那里。由于丈夫被外派出差，只有她一个人住在宿舍的小屋子里。

那个地方地处沙漠地带，终年酷热难当。除了墨西哥人和印第安土著外，没有人可以谈话，而他们又不会说英语。加上自然环境的恶劣，塞尔玛实在受不了，就写信向父母抱怨，说这个地方给人的感觉就是像座监狱，她实在一分钟也待不下去了，想要回家。父亲很快回信了，她打开一看，只有两行字：两个人从监狱的铁栅栏里往外看，一个只看见烂泥，另一个却看到了星星。

塞尔玛把这两行字读了一遍又一遍，觉得非常惭愧，于是她下定决心，要去看那些星星。她开始尝试去发现那儿还有什么好地方。

白天，塞尔玛欣赏仙人掌和丝兰的迷人体态；傍晚，她漫步沙漠，观赏日落美景。她还很快与当地人交上了朋友。当地人的热情出乎塞尔玛的意料，只要塞尔玛喜欢，他们会把那些他们最喜欢的、不肯卖给游客的陶器送给她当礼物。这一切都令塞尔玛惊喜不已。她发现自己真的喜欢上这个地方了。

是什么使她产生了如此惊人的改变呢？莫卡佛沙漠没有丝毫变化，那些印第安土著也没有变化，可是塞尔玛变了，她改变了她的态度。"在这种变化中，我把那些令人消沉的境遇变成了我生命中最刺激的冒险。我为我发现的这个崭新的世界而感动、兴奋，我甚至专门为这些写了一本小说……我从自己设下的监狱往外看，终于看到了美丽的星星。"

■ 有毒的柠檬也能做成柠檬汁

几年前，弗吉尼亚州的一位农夫买下了一片农场。他曾非常颓丧：农场土质差，种不了水果，只能种白杨树；还经常有响尾蛇在那里出没，所以也不能养猪。后来，他想出了一个好主意，打算好好利用那些响尾蛇，让它们变成他的资产。他开始做起了蛇肉罐头，这个做法显然让大家大吃一惊。现在，来参观他的响尾蛇农场的游客每年能达到两万人。这无形中又为当地开发了一大旅游资源。他的生意越做越大，范围也越来越广。响尾蛇口里取出的毒液被送到各大药厂制造蛇毒血清，蛇皮被皮革厂商高价收购用来做女式皮鞋和皮包，蛇肉罐头则被运送到世界各地的顾客手中，甚至连明信片也印上了响尾蛇农场的照片。现在，这个村子已改名为响尾蛇村，以纪念他为这个村子做出的杰出贡献。

这是个真的勇士，他应该比任何人都快乐，因为他甚至把毒柠檬也做成了柠檬汁。

■ 把负面因素转化到正面来

著名政治家艾尔·史密斯小时候家里很穷，使他连小学都没读完。他父亲去世时，还是由父亲的朋友募捐才得以安葬。他的母亲为了维持生计，来到一家制伞厂工作，白天要干 10 个小时，晚上还要继续赶工。

在这样的环境下长大的艾尔·史密斯却对演讲情有独钟，而且在演讲上颇具天赋。这为他以后进入政坛打下了基础。在他年仅 30 岁的时候，他就当选为纽约州议员。可他那时根本就不知道怎样去做一名州议员，对政治生涯一点儿准备都没有。当他当选为森林问题委员会委员的时候，他为自己从未进过森林而担忧；当他当选为州议会金融委员会委员时，他同样担忧，因为他竟从来未曾在银行里开过户。但他耻于承认自己的失败，决心每天苦读 16 个小时，把那个他一无所知的"柠檬"变成一杯饱含知识的"柠檬汁"。结果，他成功了，还成为几个领域的专家。后来，他从一个地方上的政治家变成了一个全国瞩目的政治明星，而且变得更加优秀，《纽约时报》称他为"纽约最受欢迎的市民"。

当他开始这种自我教育的政治课程十年之后，他成了纽约州政府举足轻重的人物。他曾四次当选为纽约州州长，这是到目前为止绝无仅有的纪录。他还于 1918 年被推举为民主党总统候选人。他小学都没有毕业，可包括哈佛大学和哥伦比亚大学在内的六所名校都给他授予了荣誉学位。

艾尔·史密斯告诉我，如果他当年没有用一天 16 个小时的苦干来把负面转化为正面的话，今天所有的一切都不可能发生。

■ 学会从损失里去获利

生命中最重要的，是学会如何"从损失里去获利"。这需要人发挥自己的聪明才智，也正是聪明人和傻子的区别。

有一个断了腿的人就学会了"从损失里去获利"。他叫本杰明·福特森，我是在大西洋城一家旅馆的电梯里碰到他的。他虽然坐在轮椅上，但看得出他非常开心、非常自信，脸上没有一丝一毫的颓唐萎靡，总是露出非常温暖的微笑。我觉得他背后一定有很多故事，于是就恳请他把他的故事告诉我。

他告诉我，1929 年他刚 24 岁时，不幸在一场意外事故中脊椎受了重伤，双腿也都残废了，从此就只能依靠轮椅生活了。仅仅 24 岁就再也不能站起来走一步路，这对他的打击非常沉重。他说他当时充满了怨恨和悲伤，不停地抱怨自己的命运。随着时间的流逝，他意识到抱怨解决不了任何问题，只会让事情变得更糟糕。他决定从挫折的阴影里走出来。

我问他："经过这么多年，你是否还觉得当年的那场意外对你是一次巨大的不幸？"他马上回答说："不，现在我甚至为有那一次经验感到高兴。在我决定不再为我的遭遇而懊丧之后，我就开始过全新的生活了。我对文学产生了浓厚兴趣，我几乎每天都在阅读，14 年的时间里，我至少读了 1400 本书。这些书为我展现了一个不一样的世界，我的生活也因此更加丰富多彩。我还开始欣赏音乐，很奇怪，那些交响乐以前总让我觉得烦闷枯燥，而现在我每听一次都会非常感动。我想，这次意外给了我一个巨大的改变，让我现在有足够的时间去思考我的人生，去观察这个世界。"

大量的阅读，让福特森狂热地迷上了政治，他开始关注并研究公共问题，坐在轮椅上到处演说，并认识了很多人，很多人也由此认识了他。今天，坐在轮椅上的福特森已经成为佐治亚州政府的秘书长了。

■ 生命的胜利

尼采对超人所下的定义是：不仅能够在必要的情况下忍受一切，而且还喜欢这一切。

如果你仔细研究一下那些成就非凡的人，你就会深刻地感受到他们之中有许多人之所以成功，就是因为他们在刚开始的时候有一些缺陷或不尽如人意的地方，这些缺陷给他们的发展带来了阻碍，从而激发他们加倍努力，最终得到了更多的回报。

如果柴可夫斯基的婚姻生活不是那么痛苦，也许他永远创作不出那首不朽的《悲怆交响曲》；如果陀思妥耶夫斯基和托尔斯泰的生活里没有那么多的折磨和痛苦，他们也许就不会成为俄国最伟大的小说家。

而达尔文也承认，他的残疾对他的帮助让他意想不到。林肯如果出生在一个贵族家庭，拿的是哈佛大学法学院的学位，婚姻生活幸福美满的话，也许他永远都不可能从心底找到那篇在葛底斯堡发表的不朽的演说。

哈里·弗斯迪克说："那些可怜虫永远可怜自己，即使是舒舒服服地躺在一个大垫子上也不例外。可是在历史上，一个人的性格和他的幸福来自不同的环境——好的、坏的、各种不同的环境，只要他们勇于承担自己的责任。所以，让我们拿北欧维京人的那句俗话来鼓励自己——'北风造就了维京人'！"

假设我们沮丧到了极点，觉得根本不可能把那柠檬变成柠檬汁，那么，下面则是我们有必要去试一试的两个理由，它们会告诉我们，为什么我们会稳赚不赔。

第一个理由，我们可能会成功。

第二个理由，即使我们没有成功，但只要我们试着化负为正，就会使我们向前看，而不是向后看。所以，用肯定代替否定，就能激发我们的创造力，就能刺激我们忙得根本没时间也没兴趣去为那些已经过去和已经完成的事情担心。

有一次，世界上最著名的小提琴家欧利·布尔在巴黎举办一场音乐会。突然，他琴上的 A 弦断了，但他仍然用另外三根弦演奏完了那支曲子。"这就是生活，如果你的 A 弦断了，就用其他三根弦奏完曲子。" 哈里·弗斯迪克如是说。

这已不仅仅是生活，它比生活更加可贵——这是一次生命的胜利。

所以，要培养能给我们带来快乐的心情，记住这项规则：当命运给我们一个柠檬的时候，我们就试着做一杯柠檬汁。

卡耐基成功信条

■ 如果命运只给了他一个柠檬，自卑的人就会说："我完了，我没有任何机会了。这就是命运！"然后他就开始自暴自弃；而自信的人会问自己："怎样才能把这个柠檬做成一杯柠檬汁呢？"

■ 两个人同时从监狱的铁栅栏里往外看，一个只看见外面地上的烂泥潭，另一个却看到了外面天空中的星星。

■ 生命中最重要的，就是不要以你的收入为资本——任何一个傻子都会这样做；真正重要的，是要从你的损失里去获利。这就需要聪明才智，而这一点也正是聪明人和傻子的区别。

■ 如果你的 A 弦断了，就用其他三根弦奏完曲子，这就是生活。

■ 快乐的大部分不是享受，而是胜利。这种胜利来自于一种成就感，来自于一种得意，也来自于我们能将柠檬做成柠檬汁。

卡耐基成功金钥匙

境由心生，即使人们面对的是同一种境况，心境的不同也会产生不同的结果。关键不是你遇到了什么事，而是你采取什么态度去面对。因为有什么样的态度就会有什么样的人生。卡耐基告诉我们，命运始终是掌握在自己手里的，只有全身心投入生活，希望才会降临到你的身旁。而信心是一切成功实现的秘诀。强者并不是天生的，他也并非没有软弱的时候，但强者之所以能成为强者，原因就在于他能战胜自己的软弱。一个人如果心态积极、乐观面对人生、乐于接受工作上的挑战和应付各种麻烦，那他就成功了一半。 事实上，人生中的很多所谓失败并不是败给了谁，而是败给了自己的悲观。

做让别人高兴的事

■ 抑郁症该怎么治

心理学家阿德勒曾宣称：如果抑郁症患者能遵照他开的处方去做，两周之内就可以治愈他们的病。这个神奇的处方就是：患者每一天都想一想要怎样才能让别人高兴，然后做一件让别人高兴的好事。

这是什么处方？能有用吗？人们对阿德勒的论断疑虑重重。阿德勒在他的著作《生命对你意义何在》中做出了这样的回答："抑郁症就像一种长年不息的怒气，以及对别人的反感。虽然患者只是希望得到别人的照顾、同情和支持，但他们似乎总是因为内心的愧疚、自卑而闷闷不乐。他们通常会用自杀来作为报复或解脱的手段。我的这个治疗方法的第一步就是建议他们'不要做你不喜欢做的事'，一来解除他们思想情绪上的紧张激动，二来也是要使他们找不到自杀的理由。这话听起来很简单，但我相信它可以触及患者的灵魂，找到他患病的根源。如果他能够做到他想做的一切事情，他还会有怒气吗？还会想报复别人吗？缓解了紧张的情绪，也就没人去自杀了。至少在我的病人当中，没有一个自杀的。"

"接下来的第二步就是更直接地触动他们的生活方式。他们以前都只会满脑子想：'我怎样才能让别人为我担忧？'而我则告诉他们：'你两个星期之内就可以治愈出院，只要你照我说的去做——每天想想如何使别人高兴，并尝试做一件让别人高兴的好事。'我这样做只是希望病人能由此增加对社会的兴趣和责任心。他们的病根就在于与外界缺乏交流、缺乏合作。而我正是要让他们看到这一点：当你使别人高兴的时候，你就不再只会想到自己。一旦能与别人在平等合作的基础上交流接触，病也就好了。"

■ 抑郁在圣诞夜终结

莫恩夫人在纽约一家秘书学校里担任管理工作。她不慎患上了抑郁症，她也是按照阿德勒的处方去治疗，去想该如何让两个孤儿高兴。结果她只花了 1 天时间就告别了抑郁症，比阿德勒宣称的两周 14 天要快得多。

当时正值圣诞节前夕，她与丈夫多年的婚姻走到了尽头。这使她的抑郁症变得严重起来。她从来没有一个人过过圣诞节，这使她很害怕这次圣诞节的来临。她的朋友们都盛情邀请她一起过节，但她一点儿也不能感受到快乐。她知道自己不管在哪个宴会，都会变成一个让人讨厌的人，所以她拒绝了朋友们的好意。

圣诞节的前一天，莫恩夫人下午三点就离开了办公室，一个人在街上漫无目的地走着，希望可以治好自己的自怜和抑郁症。街上到处是欢乐的人群，这使她想起以前和丈夫在一起的愉快时光。她更加不愿意一个人回到孤单的家中，又不知道该去什么地方，她感到非常迷惘，忍不住在街上哭了起来。

她大概就这样走了一个小时，来到了一个公共汽车站前。她想起以前常常和丈夫随意搭上一辆公共汽车，并不打算去什么地方，只是为了好玩。于是，她也随便上了一辆车，一直坐到了终点站，才在司机的提示下下了车。这里是纽约的远郊，非常平静、安宁，她从没来过这里。她走到一条街上，路过一座教堂，只听见里面传来"平安夜"的优美曲调声。她走进去，发现里面空空的，只有琴师在弹琴。她静静地坐在椅子上，看着那些美丽的圣诞树，听着悠扬的风琴，慢慢地睡着了。

莫恩夫人醒来时，突然看见面前有两个小孩，看起来他们是来教堂看圣诞树的。其中的一个小女孩正指着莫恩夫人说："她是不是圣诞老人带来的？"看到她突然醒来，两个小孩都吓坏了。莫恩夫人连忙说："我不会害你们的，孩子！"这时，她看到两个孩子的衣服已经很脏很旧，就问："你们的父母怎么没和你们一起啊？"孩子们回答说："我们没有爸爸，也没有妈妈。"原来这是两个可怜的孤儿。他们使莫恩夫人开始对自己的抑郁和自怜感到惭愧。

她站起来，带他们去看圣诞树，然后领着他们去了一个小饮食店，让他们吃得饱饱的，还给他们买了一点儿糖果和几件衣服作为圣诞礼物。这时，莫恩夫人的孤独和寂寞完全消失了，这两个孤儿给她带来了很久都不曾体验过的真正的快乐；而她也如圣诞老人派来的天使一样，使两个孤儿得到了很久都不曾感受过的关爱。通过与孤儿的聊天，莫恩夫人发现自己一直都是如此幸运，自己童年时的圣诞节充满了欢乐和父母的关爱照顾。这两个小孩带给她的，远比她带给他们的要多得多。他们使她认识到，只有使别人快乐，才能让自己快乐；只有帮助别人，并付出自己的爱，才能克服忧虑、自怜以及悲伤的情绪。

当她与两个孩子告别时，她感到前所未有的轻松愉快，她像变了一个人一样。她的抑郁症就这样痊愈了，而且以后再也没有让她受过折磨。她确实变成一个新人了。

■ 力量在危机中爆发

玛格丽特·泰勒·叶慈是美国海军最受欢迎的女性之一。她是一位小说家，但是她所有作品的趣味性加起来还比不上发生在她身上的真实故事的一半。

这件事发生在"珍珠港事件"的那天早上。

当时叶慈夫人因患心脏病已经卧床休养一年多了。她的身体状况很不好，每天躺在床上超过 22 个小时，走路都需由女佣搀扶。她以为这一辈子就注定成为一个废人了。她说："要不是日本人偷袭珍珠港，把我从这种不良情绪中惊醒，我绝不可能再有真正的生活。"

事情的经过是这样的：在珍珠港美军舰队毫无防备的情况下，日军轰炸机向珍珠港发动了大规模空中偷袭。当时正好有一颗炸弹落在叶慈家附近，爆炸将她从床上震了下来。随后，军队的卡车开来了，把随军的家属全部接到一个学校里。红十字会的人也在那里救治伤员，并给那些有多余房子的人打电话，请求他们收容家属和伤员。

因为叶慈夫人床边有一个电话，红十字会的人知道后，就请求她协助他们记录所有的资料。于是她记下了所有陆军和海军家属的名字，以及小孩被送到了什么地方。红十字会则通知所有的陆海军人员打电话给叶慈夫人，了解自己亲人的安顿情况。

叶慈夫人很快就知道了自己的丈夫罗伯特·叶慈安然无恙，这使她非常高兴。吃了这颗定心丸后，她开始尽量想办法让那些不知道自己丈夫音讯的家属们高兴，并试着去安慰那些刚刚成为寡妇的女人们。

刚开始时，她一直躺在床上接听电话。后来，她坐在床上接电话。最后，她忙得不可开交，全然忘记了自己是一个虚弱的心脏病人，她走下床坐在书桌旁边接电话。在帮助别人的时候，她完全忘记了自己的病情。从那天开始，每天除了八小时正常睡眠之外，她就再也没有回到床上躺着。她此时已经明白，如果没有珍珠港事件的突然爆发，她也许将终生成为一个半残废者。非常舒服，身边总是有人照顾她，而她也就在不知不觉中失去了痊愈的希望。

叶慈夫人说："珍珠港事件对美国来说是一个奇耻大辱，可对我个人来说，却是我一生中所碰到过的最幸运的事。那场可怕的危机使我产生了前所未有的力量，它让我不再只注意自己，而开始关心别人。它给了我一些非常重要而且不可缺少的东西，并成为我的生活目标。"

那些去看心理医生的人，只要肯按照叶慈夫人说的去做，去关心别人、帮助别人，起码有1/3的人能够自我治愈。因为按照心理学家荣格的说法，"在我的病人中，大约有1/3的人不是真的有病，而是因为他们的生活没有意义和空虚"。

■ 病房中的社会

佛兰克·卢佩博士因为患有风湿病，躺在床上不能起来，这样的痛苦日子持续了整整23年之久。可是人们都说，他们从来没见过哪个人能像卢佩博士那样无私地好好过日子。

像他这样实际上已成废人的人，怎么能好好地生活呢？因为他没有像一般人那样，在遭遇到悲惨命运之后就成天在埋怨和批评之中度过；也没有自怜自艾，总是希望成为别人注意的中心，要求每个人都来照顾他。他把威尔斯王子（后来的英国国王乔治五世）的名言"我为一切人民效劳"作为自己的座右铭。他搜集了许多病人的姓名和住址，给他们写热情洋溢的鼓励信，使他们高兴，同时也激励自己。事实上，他也由此创立了一个专供病人通信的俱乐部，使病人之间能够通过信件往来联络彼此。最后，这个俱乐部不断壮大，成为一个全国性的组织，也就是"病房中的社会"。

一般人如果遭遇到卢佩博士这样的厄运，按照萧伯纳的话说，就会成为"以自我为中心、又病又苦的老家伙，一天到晚都在抱怨这个世界没有好好地使他开心"。而卢佩博士与这些人最大的不同就在于他有一种内在的力量支撑着他去实现自己的目标。他知道自己是在为一项崇高的理想服务，并且从中获得了快乐。

■ 忧虑在互爱中消除

波顿有着非常悲惨的童年。九岁时，母亲与父亲发生冲突而离家出走，带走了最小的两个女儿，把其余五个孩子都留给了父亲，从此再没有出现过。三年后，父亲又在一次交通意外中丧生，这五个孩子一下就成了孤儿。亲戚们也都是穷人家，无力收养他们。为了生活，波顿只好带着最小的弟弟开始给人打小零工度日。后来，终于有一个好心人洛夫丁先生收养了波顿，让他与他们家一起生活。

悲惨的境遇造就了波顿敏感的个性，他非常害怕人家叫他孤儿，或被人家当孤儿来看待。洛夫丁把波顿送去上学。可第一个星期，波顿就被同学们欺负。他们取笑他，说他是个笨蛋，还说他是个"小臭孤儿"，就连女孩子也敢拿他来搞恶作剧、寻开心。波顿在学校里的生活过得非常压抑。

但他从不在学校里流泪，回家后却常常号啕大哭。有一天，洛夫丁太太对他说："只要你对那些人表示感兴趣，而且注意观察你能做点儿什么让他们高兴的事，他们就不会再欺负你了。"波顿接受了洛夫丁太太的忠告，他开始非常努力地学习，成绩突飞猛进，不久就一跃而成为全班第一名。

他开始尽力在学习上帮助别人。他指导同学写作文，并帮几个男生完成读书报告，还经常利用晚上的时间帮助几个女孩子补习数学。他的帮助对象并不只局限于学校里的同学们，他还经常去邻居们的农庄里，帮他们砍柴、喂牲口、挤牛奶。渐渐地，人们越来越喜欢他，都把他当作自己的朋友，再也没人欺负他了，也再没听到过"小臭孤儿"的话了。波顿以后再也没有感到过忧虑了。

所以，如果你想培养平和快乐的心情，请记住：对别人感兴趣，忘记你自己；每天都要做一件能给别人的脸上带来快乐笑容的好事。

卡耐基成功信条

■ 多替别人着想，不仅能使你不再忧虑，还能使你结交到更多的朋友，获得更多的乐趣。

■ 只有使别人快乐，才能让自己快乐；只有帮助别人，并付出自己的爱，才能克服忧虑、自怜以及悲伤的情绪。

■ 去看心理医生的人中，大约有 1/3 的人不是真的有病，而是因为他们的生活没有意义和空虚。

■ 那些对别人毫无兴趣的人，在生活中遇到的困难最多，对别人造成的伤害也最大。

■ 忧郁症的病根就在于与外界缺乏交流，缺乏合作。一旦患者能与别人在平等合作的基础上交流接触，病也就好了。

■ 送花者手染余香。

■ 对别人好不是一种责任，而是一种享受，因为它能增进你的健康和快乐。你对别人好的时候，也就是对自己好的时候。

卡耐基成功金钥匙

卡耐基鼓励我们，每天做一件使别人高兴的事，我们可以从中得到很多快乐。助人者，人恒助之。其实我们在帮助别人的同时，何尝不是在帮助自己？我们怎样对待别人，别人就会怎样对待我们。我们的生活需要真诚，而幸运总是会青睐那些对别人怀有真挚爱心的人。一个人如果能忘我地投入到帮助他人中，必定会得到等值的精神愉悦。如果大家都能这样，那我们的社会就将是一个"人人为我，我为人人"的美好和谐的社会。

第二章 如何才能快乐

生活需放松

■ 让自己变得轻松

保罗·辛普森的生活过得非常紧张忙碌，他总是神经紧绷，从不知道让自己轻松一下。

每天早上，他急急忙忙地起床，匆匆忙忙地吃早饭，匆匆忙忙地穿衣服，然后匆匆忙忙地开车赶去上班。一路上，他紧紧地握住方向盘，好像生怕它随时会飞出窗外。每天晚上，忙完一天的紧张工作下班回家后，他总是精神萎靡、忧心忡忡，只想快点入睡。

这样的生活节奏实在太紧张了。一天，他对自己说："亲爱的保罗，你这样是在慢性自杀。为什么不慢慢来？为什么不让自己放松一下？"于是他决定去看一位著名的心理医生。医生建议他放松紧张的生活节奏，并随时都要想到放松——也就是不管在开车还是在工作，或者是吃饭和睡觉之前，都要给自己放松一下。

这是六个月前的事。从那时候起，保罗·辛普森就开始练习如何使自己放松。每天晚上睡觉时，他并不急着入睡，而是先使自己的身体进入彻底放松状态，使呼吸趋向平稳。第二天早上起来时，他就会感到有了充分的休息，而以前即使沉睡一夜，第二天早上起来时，仍觉得又累又紧张。这对他来说，实在是一大进步。

现在，他开车、吃饭的时候，心情轻松愉快。最重要的是，他在上班时也能够让自己放松下来。一天之中，他总要将手头的工作停下来几次，仔细检查自己是否已经彻底放松了。

就这样，他的生活变得轻松愉快起来，再也不像以前那样紧张烦恼了。

现实中，我们的烦恼太多、压力太大。既然不堪承受，为什么不对自己好一点儿，让自己放松下来呢？

■ 用自嘲来放松

波西·惠廷的父亲是一家药店的老板。从小，惠廷的周围就充斥着药材、医生和护士。在这样的环境中长大，耳濡目染，他比普通人了解到更多的疾病名称和病症。然而他天性有点抑郁，总是担心自己会不会得某种病，有时一天会为某个病症担心几个小时。于是，他就在不知不觉中有了那种疾病的全部特征。

有一年，在他居住的马萨诸塞州林登镇，正流行一场很严重的白喉病。惠廷每天都在父亲的药店里卖药给受传染的患者。接着，他一直担心的事情终于发生了。他十分肯定自己已经感染上了白喉病，于是忧虑万分，结果还真的就出现了白喉病的一些标准症状。

他跑去找医生。医生检查了以后，说："不错，波西，你已经感染上了白喉。"这反而使惠廷心里为之一松。当确定自己已经得了病之后，他再也不怕任何疾病了。于是，他往床上一倒，马上就酣然入梦了。等到第二天早上起来，他发现自己其实健康如初。

在那几年里，惠廷在林登镇成了人们关注和同情的焦点人物，因为他得了一些不寻常并且很怪异的疾病，他还曾多次"死"于狂犬病和休克。特别是后来，他又患过一些更加恐怖的病，比如癌症和肺结核。

惠廷多年来一直心存恐惧，总害怕自己是走在坟墓边缘上，一不小心就会掉下去。多年后，他自嘲地说："我比世界上任何一个人——包括活的、死的、奄奄一息的——都得过更多的病。其实我什么病都没有，我得的更应该是心理疾病，而且还不是那种普通的心理疾病。"

现在的惠廷已经大有进展，他很自豪地说，在过去的一年当中，他甚至连一次都没有"死"过。

那么，他是怎样取得这样的进步的呢？他的秘方是——嘲笑自己的那些荒唐想象。每当他觉得那些恐怖的病症又降临到自己身上时，他就会笑着对自己说："嘿！波西·惠廷，过去二十多年当中，你已经一次又一次地死于那些致命的绝症了，但你的健康状况实在很好，一家保险公司最近甚至还同意你为自己投更多的人寿保险。亲爱的波西，难道你不认为你现在是个大笨蛋吗？"

很快他就发觉如果能做到自我嘲笑，就不会再有时间去为自己烦恼了。所以，从那以后，他就一直"嘲笑"自己，从而使心理越来越放松，他那自认为的忧郁症也再没出现过。

因此，我们不要太过于严肃地对待自己的生活。对自己一些愚蠢的忧虑，不妨开怀一笑，它们一定会被你笑得无影无踪。

■ 运动并快乐着

埃迪·伊根发现自己有了烦恼或精神上处于紧张焦虑的状态时，他就会通过体育运动的方式来帮助自己驱除这些烦心事。他有时去跑跑步，有时则是徒步去乡下，有时去拳击馆打半个小时的沙袋。经过激烈的体育运动之后，他的精神就会振奋，不再为烦心事所困扰了。

后来，他逐渐从体育运动中找到了乐趣。于是，他把空闲时间更多地投入到其中。每到周末，他就去做多项运动：绕着高尔夫球场跑一圈，打一场网球比赛，或者去附近的山上滑雪。在他工作的纽约，他一有机会就去俱乐部的健身房待上一个小时。当肉体疲倦时，他的精神也随之得到休息，等他再度回去工作时，就会感到精神清爽，充满活力。

他说："没有人在滑雪或做激烈运动时还会烦恼，因为他忙得没时间去烦恼。这时，烦恼的大山很快就会变成微不足道的小丘，一个新念头和新行动很快就能把它抚平。"

耶鲁大学的费力普教授也告诉我，有一段时间，他一直非常沮丧，因此他强迫自己必须每天每小时都做一次剧烈的运动。他每天上午要打五六场网球，然后洗澡，吃中饭，再接着打18洞高尔夫球。星期五的晚上，他会在舞会上一直跳到凌晨一点。强迫自己流了很多汗之后，他发现沮丧和忧愁全都随汗水流走了。

所以,运动是烦恼的最佳"消毒剂"。当你烦恼时,就多用肌肉,少用大脑,其结果将会令你惊讶不已。

■ 阅读获得快乐

经济学家罗杰·巴伯森有一个消除烦恼的秘诀,可以使他在发现自己陷入忧虑和沮丧的时候,在一个小时之内就抛弃所有烦恼,使自己成为一个高高兴兴的乐观者。

他的秘诀就是阅读历史书籍。他的阅读方法比较特别:他走进书房后,闭着眼睛走向专放历史书籍的书架前,随手就抽出一本书——此刻他仍是闭着眼睛的,他根本就不知道自己拿的是哪一本书。坐下来以后,他仍然把眼睛闭上,随便翻开一页。这时,他睁开眼睛,读上一个小时。他越往下读,就越能体会到这个世界总是灾难深重,痛苦不断,人类文明也总是濒临毁灭的边缘,历史上的悲剧实在是太多太多。

就这样读了一小时之后,他就领悟到,即使是现在这么恶劣的情况,比起以前也要好很多。这就使得他能够正视目前所遇到的困难,明白这个世界正在不断地进步,明天正朝着更好的方向发展。

他总结自己的经验说:"读读历史吧,试着从永恒的角度,将你的眼光延伸到1000年前,你就会发现,你的烦恼是多么的微不足道。"

费力普教授也发现,人们可以通过阅读一本吸引人的好书将烦恼抛除。在他59岁那年,他的生活遭遇到不幸,使他经历了相当长时间的精神崩溃。那段日子里,他依靠阅读大卫·威尔逊的《克莱尔传》打发时光。由于他读得十分专注,所以就忘记了自己精神上的消沉,而这给了他极大的精神帮助。

卡耐基成功信条

■ 如果能做到自我嘲笑,就不会再有时间去为自己烦恼了。

■ 我们不要太过于严肃地对待自己的生活。对自己一些愚蠢的忧虑,不妨开怀一笑，它们一定会被你笑得无影无踪。

■　没有人在滑雪或做激烈运动时还会烦恼，因为他忙得没时间去烦恼。这时，烦恼的大山很快就会变成微不足道的小丘，一个新念头和新行动很快就能把它抚平。

■　运动是烦恼的最佳"消毒剂"。当你烦恼时，就多用肌肉，少用大脑，其结果将会令你惊讶不已。

■　读读历史吧，试着从永恒的角度，将你的眼光延伸到 1000 年前，你就会发现，你的烦恼是多么的微不足道。

卡耐基成功金钥匙

卡耐基宣扬的"快乐人生"，其真谛不就在于抛开忧虑、放松自己去追求快乐吗？人们总想让自己轻松，但却又逼迫自己，所以人才是自己最大的敌人。我们不是机器，紧张的生活需要放松，忙碌的心灵需要喘息。我们不应该只是简单地生存，而要学着享受生活的每一天。为什么不学着对自己好一点儿，让自己的生活过得更轻松一点儿呢？

接受已经发生的事实

■　保持理智

人生漫漫几十年，总有一些事会让我们感到烦恼忧伤，比如挫折、失败、伤痛。可它们既然是以这样的面目出现在我们的生命当中的，也就不可能再换另一副模样，而我们也可以有所选择地对待它们：我们可以选择把它们当作生命中不可避免的事情来接受，并且做出自我调整；如果我们选择反抗、忧虑，那么它们不但会摧毁我们的生活，甚至还可能使我们精神崩溃。

我要特别指出的是，我的意思并不是说只要我们碰到挫折就选择屈服，这就成了宿命论了。我的意思是，不论在什么情况下，但凡还有一点点挽救的机会，我们就不能放弃努力奋斗，但是当普通常识告诉我们事情已经不可避免、不可逆转的时候，我们就要保持理智，不再庸人自扰。

■ 一封遗忘的信

威廉·詹姆斯有一句忠告："心甘情愿地接受吧，接受事实是克服任何不幸的第一步。"

伊丽莎白·康纳利接到一封电报，是由美国国防部发来的。电报内容告诉她，她最爱的侄子在战场上失踪了。而这一天，全美国都在庆祝美国陆军在北非战场取得了胜利。过了没多久，她又收到一封电报，说她的侄子已经阵亡了。

伊丽莎白万念俱灰，悲恸欲绝。在此之前，她一直都是非常快乐的，有一份自己喜欢的工作，辛辛苦苦终于把从小失去父母的侄子抚养成人。她将侄子视为己出，在她眼里，侄子就代表了年轻人的一切美好的东西。现在，正当她觉得以前的所有努力都正要开始得到回报的时候，这封电报却无情地将她的整个世界都粉碎了。她觉得自己再活下去已经没有什么意义，于是开始了消极的生活，不去上班，也不理睬朋友。她始终无法接受这个事实，抱怨命运为什么要让她的侄子就这么离开了人世。她由于悲伤过度，最终决定放弃工作，远离家乡，去过一种隐居生活。

就在她清理东西准备辞职时，她突然看到了一封早已遗忘的信，而信正是她死去的侄子原来写给她的。这还是几年前，伊丽莎白的母亲去世时，侄子给她写了这封信。信里说："我们每个人都会想念她的，特别是你，但是以你对人生的态度，我知道你一定会挺过这道坎儿的。我永远都不会忘记你教给我的那些真理。不论身在何处，也不论我们相隔多么遥远，我永远都会记得你教我要微笑，要像一个男子汉，勇于承受一切已经发生的事情。"

伊丽莎白把那封信读了一遍又一遍，觉得侄子好像就在自己的身边，正在对她说话："为什么不照你教给我的办法去做呢？坚强一点儿，挺下去，不论发生什么事情，把你个人的悲伤掩藏在微笑底下，继续好好生活。"

伊丽莎白放弃了先前的念头，又回去上班了。她一再告诫自己："事情已经发生了，我没有能力改变它，但我一定能够像他所希望的那样继续活下去。"她把所有的精力都花在了工作上，还给前线的士兵写信——因为他们也是母亲的儿子，晚上又去参加成人教育班的辅导课。她不断地去寻找新的乐趣，认识新的朋友。"我几乎不敢相信发生在我身上的各种新变化，我不再为已经发生而且永远过去的事情悲伤，现在我的生活就像我侄子对我要求的那样，每天都充满了快乐。"

伊丽莎白·康纳利经历了很多困难，终于学到了我们每个人迟早都要学到的道理，那就是我们必须接受和适应那些不可避免的事情。

■ 没有不能战胜的困难

布斯·塔金顿总是这样说："命运加在我身上的所有事情，我都能承受，但是除了一样儿——我永远都无法忍受失明，那是所有灾难中最可怕的灾难。"

可偏偏失明的厄运就在他 60 岁的时候悄悄降临了。有一次，他无意中低头看地毯，忽然发现地毯花纹的彩色全都是模模糊糊的。他觉得不妙，马上去看了眼科医生。结果医生证实了不幸的到来：他的视力急剧衰退，有一只眼睛几乎已经全瞎，另一只也快瞎了。他最害怕的事情终于发生在了他身上。

面对这种"所有灾难中最可怕的灾难"，塔金顿的反应是什么呢？他是不是觉得这辈子就这么完了？没有，他自己也没有想到他还能非常开心，甚至还没忘记时不时表现一下幽默感。以前，眼球里的"黑斑"会让他非常难过，因为会遮挡他的视线。可到了现在，当那些最大的"黑斑"从他眼前晃过的时候，他却会幽默地说："黑斑老朋友又来了。今天天气这么好，它想到哪儿去啊？"

等到塔金顿完全失明之后，他说："我发现我也能承受失明的痛苦，就像一个人能承受别的灾难一样。如果我的各种感官都完全丧失了，我想我还能够继续生存在我的思想里，因为不管我们是不是清楚这一点，我们只有在思想之中才能够看见，只有在思想之中才能够生活。"

为了恢复视力，塔金顿在一年内接受了 12 次手术。他知道这是必要的，他无法逃避，唯一能减轻痛苦的，就是勇敢地接受它。他拒绝住进私人病房，而是住在普通病房里，和其他病人在一起。他总是试着让其他病人开心，即使在他必须接受好几次风险系数很高的手术时，他也会尽力去想他是多么的幸运。他说："这是多么美妙的事啊！现代医学竟然发展到了这个程度，能够为眼睛这么纤细的东西做手术。"

要是换作一般人忍受 12 次以上的手术和长期黑暗的生活，恐怕都会精神崩溃，可是塔金顿却说："我可不愿意让自己不开心。"这件事教会了他如何接受灾难，使他了解到生命带给他的没有一样儿东西是他的能力所不及而不能忍受的；他也领悟到富尔顿说的"失明并不使人难过，难过的是你不能忍受失明"的道理所在了。

在必要的时候，我们都应该忍受得住苦难和悲剧，甚至要战胜它们。也许我们会认为自己办不到，可实际上，我们内在的力量坚强得惊人，只要我们愿意利用，它就能帮助我们克服一切困难。

■ 快乐的源泉

我曾访问过许多商界的成功人士，他们给我最深刻的印象就是，他们大多数人都能接受那些不可避免的事实，然后过着无忧无虑的生活。不过，假如他们不这样做的话，他们早就被巨大的压力给压垮了。

创建了遍及全国的佩尼连锁商店的佩尼就告诉我："即使我把所有的钱都赔光了，我也不会为此忧虑，因为忧虑并不能让我得到什么。我会尽最大的可能把工作做好，至于结果怎样，就要看老天爷了。"

亨利·福特也说过类似的话："碰到我无法解决的事情，我就让他们自己解决。"而克莱斯勒公司的总经理凯勒在谈到自己如何避免忧虑的时候说："如果碰到了很棘手的问题，只要我能想得出办法解决，我就一定努力去做。如果我实在解决不了，就干脆把它忘掉。我从来都不会为未来担心，谁又能知道明天会发生什么？影响未来的因素实在太多了，也没有人能知道这些影响都从何而来，所以，何必杞人忧天呢？"

凯勒并不是一个哲学家，他只是一个很成功的商人，不过他的这一观念倒正好与 1900 多年前罗马的伟大哲学家埃克皮忒德的理论相近："快乐的源泉，就是不要为我们的意志力所不能及的事情忧虑。"

"对不可避免的事，轻松去承受"，这句话在公元前就被说出来了，但是在今天这个变化莫测的世界，人们比以往更需要这句话："对不可避免的事，轻松去承受。"

因此，要在忧虑毁了你之前，先改变忧虑的习惯。记住：接受不可避免的事实。

卡耐基成功信条

■　不论在什么情况下，但凡还有一点点儿挽救的机会，我们就不能放弃努力奋斗。但是当普通常识告诉我们事情已经不可避免、不可逆转的时候，我们就要保持理智，不再庸人自扰。

■　也许你我都不愿成为宿命论者，可当猛烈而酷热的狂风吹进我们的生活中，而我们又无法躲避时，那么我们不妨接受这不可避免的命运，然后再去收拾残局也不迟。

■　心甘情愿地接受吧，接受事实是克服任何不幸的第一步。我们一定要明白这一点：快乐的源泉，就是不要为我们的意志力所不能及的事情忧虑。

■　我们每个人迟早都要学到的道理：我们必须接受和适应那些不可避免的事情。当我们不再反抗那些不可避免的事实之后，我们就可以节省精力，创造更丰富的生活。

■　在必要的时候，我们都应该忍受得住苦难和悲剧，甚至要战胜它们。也许我们会认为自己办不到，可实际上，我们内在的力量大得惊人，只要我们愿意利用，它就能帮助我们克服一切困难。

■　为什么汽车轮胎能在路上跑那么久，承受那么多颠簸？因为它可以吸收路面的各种压力，这样轮胎就可以"接受一切"。如果我们在多灾多难的人生旅途上，也能够像轮胎一样承受所有的挤压和颠簸的话，我们就能活得更长久，也能享受更顺利的人生旅程。

卡耐基成功金钥匙

许多不公平的经历，我们是无法逃避的，也是无从选择的。我们只能接受已经存在的事实并进行自我调整。抗拒不但可能毁了我们的生活，而且会使我们精神崩溃。因此，人在无法改变不公和不幸的命运时，就要学会接受它、适应它。命运中总是充满了不可捉摸的变数，如果它给我们带来了快乐，当然是很好的，我们也很容易接受；但事情却往往并非如此，有时，它带给我们的是可怕的灾难。这时如果我们不能学会接受它，而让灾难主宰了我们的心灵，那我们的生活就会永远地失去阳光。即使我们不接受命运的安排，也不能改变事实分毫。我们唯一能改变的，只有自己。面对现实，并不等于束手接受所有的不幸，只要有可以挽救的机会，我们就应该抓住。但是，当我们发现情势已不能挽回时，我们最好就不要再思前想后、拒绝面对。我们要接受不可避免的事实，唯有如此，才能在人生的道路上掌握好平衡。我们每个人迟早要学会这个道理，那就是我们只有接受并配合不可改变的事实。"事必如此，别无选择"，这并非容易的课程。

让忙碌赶走忧虑

■ 没时间忧虑

第二次世界大战初期，纳粹德国每天派轰炸机飞越英吉利海峡，对英国本土进行狂轰滥炸，伦敦一天得响起很多次防空警报。时任英国首相的温斯顿·丘吉尔承受着巨大的压力，每天他都要工作18个小时以上。当别人问他是不是对肩负如此沉重的责任感到忧虑时，他说："我实在是太忙了，根本没时间去忧虑。"

汽车自动点火器的发明者查尔斯·科特林也碰到过这样的情形。他一直担任著名的通用汽车公司的副总裁，主管通用汽车研究公司。可在当年他发明汽车自动点火器之前，他穷得只能将别人放稻草的谷仓租来当实验室，一家上下的吃喝开销，全得靠科特林太太在外教钢琴赚钱应付。后来，科特林不得不把自己的人寿保险拿去做抵押才借来 500 美元。事隔多年后，有人问科特林太太，在那段时间里是不是每天都很忧虑，她回答说："当然了，我每天都担心得睡不着，可是查尔斯却一点儿都不担心。他成天泡在他的实验里，根本就没时间去忧虑。"

伟大的科学家巴斯德曾说他最喜欢的就是自己"在图书馆和实验室里所找到的平静"。为什么在那里可以找到平静呢？因为在图书馆和实验室工作的人，通常都埋头于他们的工作，没时间为他们自己担忧。而且，那些做研究工作的人也很少会发生精神崩溃，因为对于他们来说，"用在精神崩溃上的时间也是非常奢侈的"。

■ 为什么会"忙得没时间忧虑"

为什么会有"忙得没时间忧虑"这样的情况出现呢？原因很简单，心理学研究发现了一条定理，就是一个人不论多么聪明，都不可能在同一时间想一件以上的事情。

我们不妨来做一个这样的实验：假设你现在靠坐在椅子上，闭上双眼，然后试着在同一时间去想自由女神，以及你明天早上打算做什么事情。这时你就会发现，这两件事情你只能一件一件地轮流来想，根本不可能同时想，不是吗？那么，对于你的情感来说，也是一样的道理。比如说，我们不可能充满热情地去想一些令人兴奋的事情，同时又想一些不愉快的事情而忧虑起来。正是这一简单的发现，使得军队里一些心理治疗专家能够在战争时期创造出一系列医学奇迹。

当有些军人因为在战场上受到打击而退下来时，他们都患上了一种"心理上的精神衰弱症"。那些军队心理医生对这样的情况都是采取一种"让他们忙着"的治疗方法：除了睡觉以外，这些在精神上受到打击的人都时时刻刻在活动着，比如钓鱼、打猎、打篮球、打高尔夫球、跳舞或者种花、摄影等等，这样他们就根本不会有时间去回想战场上那些可怕的经历。

近代心理医生发明了一个治疗新名词——"职业性治疗"，就是拿工作当作治疗疾病的药。其实，这并不是什么新鲜的方法，早在耶稣诞生的500年前，古希腊的医生们就已经在使用这种方法给人们治病了。

而美国建国前，费城教友会的教徒也使用过这种方法。1774年，有一个人去参观费城教友会办的疗养院，在那里他看见那些精神病人正忙着纺纱织布。当时他非常震惊，他觉得这些可怜而不幸的人们正在惨遭剥削和压迫。后来教友会的人向他详细解释说，他们发现这些病人只有在工作的时候，病情才能真正好转，因为工作能使他们的心情安定下来。

■ 用忙碌驱赶忧虑

有些心理治疗医生会告诉人们：只有工作——不停地忙着，才是治疗精神病的最好良方。

著名诗人亨利·朗费罗先生在他的爱妻去世后，也明白了这个道理。那天，他太太点燃一根蜡烛，准备熔化几个信封口上的火漆，结果一不小心使衣服着了火，衣服马上就燃烧了起来。朗费罗听见妻子的叫喊声，立即过去抢救，可最终妻子还是因为被严重烧伤而离开了人世。在以后的相当长一段时间里，朗费罗都无法忘记那一幕可怕的情景，他摆脱不了伤心和内疚，差点儿因此而精神崩溃。幸好还有三个年幼的小孩需要父亲的照顾，他尽管很伤心，但还是要父兼母职来照顾自己的孩子。他带他们出去散步，给他们讲故事，陪他们一起玩游戏。他因此根据他们父子之间的亲情写就了《孩子们的时间》一诗，使这温馨的情感在自己的作品中永存。后来，他还翻译了但丁的经典作品《神曲》。所有这些工作使他忙得完全忘记了自己，思想上也重新得到了平静和安宁。

马里奥·道格拉斯也许是这个世界上最不幸的父亲。他连续失去了两个女儿，特别是第二个女儿生下来仅五天就夭折了。如此接连而来的打击，实在使人无法承受，道格拉斯精神极度苦闷，吃不下也睡不着，最后只好求助于医生。一个医生建议他吃安眠药帮助睡眠，另一个医生则建议他出门旅游来放松心情。他两种办法都试了，但无济于事，悲哀给他的压力实在太大了，他的感觉甚至变得麻木了。

他还有一个四岁的儿子，谁也想不到，正是这个儿子在某种程度上拯救了父亲。那是一天下午，道格拉斯一个人悲伤地坐在屋里发呆，这时儿子凑过来，要父亲给他做一条玩具船。道格拉斯此刻哪有心情做这事，可那小家伙实在很能缠人，最后，道格拉斯不得不按儿子的意思去做。

做这条船大概花了三个小时，等到做好之后，道格拉斯突然发现，这三个小时是他这段时间以来第一次感到心情放松的时间。这个发现使他从恍惚中惊醒过来，他几个月来第一次认真地思考，得出了一条结论——如果忙着做一些需要计划和思考的事情，就很难再有时间去忧虑了，比如这次帮儿子做船就证明了这一点。他很快决定要让自己从此不断忙下去。

第二天晚上，他把家里从上到下、从里到外都仔细检查了一遍，把所有要做的事情列出了一张清单，比如水龙头漏水需要修，书架要加固，门锁需要换新的，还有窗帘、楼梯扶手、电闸等等，他在两个星期内竟然列出了242件需要做的事情。

这下可有的忙了，一步一步地做这些事情用去了道格拉斯将近两年的时间。他并没有把时间只花在做这些事上，他还给自己的生活增加了一些富有启发性的活动：每个星期要抽出两个晚上去纽约市内参加成人教育培训，小镇上的公益活动也总少不了他的身影，他担任了镇上一所中学的校董事会主席，还协助红十字会和扶轮社等慈善机构募捐。就这样，他每天都有大量的事情要忙，而哀伤和忧虑也因为他的忙碌而逐渐从他的生活中褪去了。

■ 不让大脑被忧虑填充

对于大部分人来说，当日常工作让他们忙得团团转的时候，忘记忧虑自然不会有多大问题。可一旦下班以后，也就是能够自由自在地享受轻松快乐的时候，忧虑会不会就此开始袭击呢？比如说，这时人们就会开始想很多问题："我工作这么久了，到今天取得了什么成就？""我今天有没有把工作干好？""老板今天对我说的话是不是有什么特别的意思？"或者摸摸自己的头顶，感觉头发又掉了几根："唉，我是不是要秃顶了？"……

每一个物理专业的学生都知道"自然界中没有真空状态"，比如打破一个白炽灯泡，空气立刻就会进去，充满那一块儿从理论上说是真空的空间。而人在不忙的时候，大脑就常常会变成一片真空地带。

当大脑空出来时，也会有东西填充进去，这东西就是人的感觉和情绪。忧虑、恐惧、悔恨、嫉妒等情绪，其实都是受人的思想控制的，而这些情绪都非常强烈，往往会撵走人们所有平静、快乐的思想和情绪。这是为什么呢？哥伦比亚师范学院教育系教授詹姆斯·马歇尔做出了清楚的解答："当你干完了一天的工作之后，你的想象力会因为思想松弛下来而混乱，使你想到各种荒诞怪异的事，而一些小错误也就会被夸大。在这种时候，你的思想就像一辆没有载重的车子，横冲直撞，摧毁一切，甚至还会把你自己也撞得粉碎。所以，忧虑对你伤害最大的时候，不是在你正忙着工作的时候，而是在你忙完一天的工作休息放松的时候。因此，要消除忧虑，最好的办法就是保持自己的忙碌状态，多做一些有意义的事。"

■ 努力要告别忧虑

有一位母亲就是发现了詹姆斯·马歇尔教授所说的这一点，从而使自己从忧虑中解脱了出来。她唯一的儿子在"珍珠港事件"爆发后的第二天加入了美国海军陆战队。做母亲的非常担心儿子，她总是在想儿子在什么地方，是不是很安全，是不是在打仗，有没有受伤，会不会阵亡。就这样想了没多久，她的健康就因为过多的担忧而受到了严重的损害。

她很快意识到这样下去不行，于是开始使自己忙起来。她辞退了家里的女佣，希望让家务事来使自己忙着。可这方法并没见效，因为她做家务活驾轻就熟，完全是机械化劳作，根本不用思索，在她铺床叠被和洗碗扫地的时候，她仍然在担忧着。她觉得自己需要做一些新的工作，才能让自己身心方面都忙碌起来，于是她去了一家百货公司当营业员。

事实证明她的选择是正确的。一到新岗位，她就发现自己掉进了一个运动着的大漩涡里。每天她的四周都充盈着顾客和货物，顾客们不断地问她价钱、尺码、颜色等问题，这使得她根本就没多余的一秒钟去想手头工作以外的事；晚上下班后，她也累得只能去想怎样才能让自己的双脚好好休息一下；吃完晚饭，她就倒在床上睡着了。她已经没有时间，也没有精力再去忧心忡忡了。

■ 克服忧虑的习惯

纽约商人切贝尔·朗文曾因忧虑过度患上了失眠症。他是纽约一家水果制品公司的财务经理，他们公司的主要业务就是将草莓包装进一加仑容量的罐子里，然后出售给冰淇淋生产商。这种模式一直持续了很多年。后来那些大的冰淇淋厂商的产量迅速增加，为节省成本和时间，厂商都改买36加仑一桶的桶装草莓，朗文的公司因此销售量大跌。更要命的是，他们公司刚刚用50万美元购进一批草莓，并已按原来的生产规格进行投产。这样，50万美元已经打了水漂，而根据他们与水果供应商的合同规定，在接下来的一年内，他们还需再从那里购买价值100万美元的草莓。

向银行贷款已经不可能了，因为他们已经贷了35万美元，现在根本还不起钱，朗文为此忧心忡忡。后来，他们公司把生产规格改了过来，并转换到新的市场去卖，这样差不多解决了大部分问题。按理说，朗文应该不再为此忧虑了，可他已经不幸染上了这一习惯。

他开始紧张不安，整夜整夜地睡不着觉，他渐渐地感觉到自己在走向精神崩溃。他几乎绝望了。就在绝望中，他的工作任务加重了。以前他一天只工作7个小时，可现在一天得工作15～16个小时，每天早上8点就要到办公室，一直干到午夜才离开。如此繁重的工作要求朗文必须付出全部时间和精力去应付，这样反而没时间忧虑了。他不断地接到新任务，不断地担负起新的责任，当午夜下班回到家后，他总是精疲力竭地往床上一倒，不过几秒钟就酣然入眠。他的失眠症就这样不治而愈了。三个月后，忧虑的习惯也离他而去，他再次回到了以前一天工作七八个小时的正常情形，而且从此以后，他再没有失眠和忧虑了。

萧伯纳曾说："人们之所以忧虑，就是因为有空闲时间来想自己到底快不快乐。"所以，要想消除忧虑，就不必去想它，而要让自己忙起来，这样你的血液就会开始循环，你的思想也将因此变得敏锐。这就是世界上治疗忧虑的最便宜也最有效的良药。

所以，请记住：让自己一直保持忙碌。

卡耐基成功信条

■ 为什么会有"忙得没时间忧虑"这样的情况出现呢？原因很简单，心理学研究发现了一条定理，就是一个人不论多么聪明，都不可能在同一时间想一件以上的事情。

■ 有些心理治疗医生会告诉人们：只有工作——不停地忙着，才是治疗精神病的最好良方。

■ 当大脑空出来时，也会有东西填充进去，这东西就是人的感觉和情绪。忧虑、恐惧、悔恨、嫉妒等情绪，其实都是受人的思想控制的，而这些情绪都非常强烈，往往会撵走人们所有平静、快乐的思想和情绪。

■ 要想消除忧虑，就不必去想它，而要让自己忙起来，这样你的血液就会开始循环，你的思想也将因此变得敏锐。这就是世界上治疗忧虑的最便宜也最有效的良药。

■ 让自己一直保持忙碌。忧虑的人一定要让自己沉浸在工作中，否则只有在绝望中挣扎。

卡耐基成功金钥匙

生活中的我们其实一直都在学习两样东西——选择与放弃。看上去答案很简单，选择值得选择的，放弃应该放弃的，可实际上却没有这么简单。很多人活了一辈子也没搞清楚到底应该选择什么，应该放弃什么。他们不知道自己到底要的是什么，或者明明心里清楚却没有放弃的勇气和决心，所以他们总是在坚守早该放弃的，却拒绝应该选择的。我们对待世事应该懂得有所为有所不为。没有正确的放弃，就无从做出正确的选择；没有正确的选择，就无法得到成功的动力。选择或放弃是否正确，都有一定的前提。而做出合理判断，是走向成功的辉煌，还是陷入失败的深渊，全在于你自己。

学会"到此为止"

■ 让忧虑到此为止

我刚满 30 岁的时候，曾是一个热血沸腾的文学青年。我疯狂地迷恋于文学创作，决定一辈子以写小说为生，希望有朝一日能成为杰克·伦敦或者托玛斯·哈代第二，这一直是我梦寐以求的理想。

当时，我怀着满腔热情来到欧洲，希望在那里体验生活，帮助我激发创作灵感，写出不朽的传世作品。那时正值第一次世界大战结束，我在欧洲待了整整两年，我的成果是一部叫《大风雪》的小说。我对这部小说充满了自信，相信它一定能使我一鸣惊人。我带着它四处投稿，寻求出版途径。

也许我给自己的作品取的名字太好了，因为几乎所有的出版商对它的态度都如同它的名字一样——荒原上呼啸而过的暴风雪。我呕心沥血点灯熬油写出来的作品，在那些出版商的眼里成了一文不值的垃圾。他们通过我的经纪人，很直白地告诉我，说我没有写小说的天分。在那一瞬间，我感觉自己的心跳都已完全停止，血液也全部凝结了。

我记得我当时是失魂落魄地离开经纪人办公室的。那天简直是我的世界末日，所有关于文学的彩色梦幻泡沫一下子被击得粉碎。两年！两年！整整两年时间我就写出了一堆垃圾？我实在无法接受这样的现实。我在街上漫无目的地游走着，面对人生的一个关键十字路口，我必须做出一个重大决定。

我该怎么办？我该往哪一个方向走？对我来说，这是我 30 年以来人生的最大危机。对失败的不甘心，对未来的迷茫，使我一遍又一遍地陷入痛苦的思考中。几个星期后，我终于从迷茫中醒悟过来——我要让我的忧虑和痛苦通通到此为止！尽管我成为小说作家的梦想已经破灭了，但我为什么不把那次创作小说看作一次宝贵的经验呢？我已经知道自己失败的原因，那我完全可以去朝我能成功的方向继续前进。所以，我又回到了纽约，重新干起了我的老本行——成人教育。然后，在我有闲暇的时候，我就写一些名人传记或者是成人教育方面的书。

现在看来，这个选择对我真的有非常重大的意义。每当我回想从前，想起这个选择，我总会得意地想在大街上跳舞。我可以非常坦白地告诉你，从那一天开始，我就再也没有为自己没能成为哈代第二而后悔惋惜过，哪怕是一分钟也没有。

■ "到此为止"的底线原则

查尔斯·罗伯茨是华尔街一个成功的证券投资顾问。他有一个非常有用的原则，这帮助他在华尔街的股票市场赚到了很多钱。其实，很多成功人士也都应用过这个原则。

他告诉我，他刚从得克萨斯来到纽约做投资经纪的时候，身上的全部家当就是朋友借给他做股票投资的两万美元。他曾经天真地认为自己对股票很在行，结果赔得分文不剩，连最开始做其他生意赚到的一些钱也全都赔光了。

如果只是把自己的钱都赔光了，那倒也罢了，可赔的钱里还有朋友们的钱，那就是一件坏事情了，尽管那些朋友都很有钱。投资出现如此不幸的结果，罗伯茨非常害怕再见到那些朋友，他总是想办法躲开他们。没想到的是，那些朋友倒是对这件事看得很开，不仅没有来找罗伯茨的麻烦，而且还表现得非常乐观，相信他一定会取得成功。

这让罗伯茨非常感动。他下定决心，在他再次进入股票市场之前，一定要先把股票市场的规律、特点弄明白，不打无准备之仗。他开始仔细研究以前犯的错误，并认识了一位叫波顿·卡希斯的人，这人是股票市场最成功的预测专家。他们很快成了朋友。罗伯茨知道卡希斯一直成功绝不可能全靠机遇和运气，他一定能从他那里学到很多东西。

卡希斯问了罗伯茨几个问题，了解了他以前的操作手法，然后就告诉罗伯茨股票交易中最重要的一条原则。他说："我对我在股票市场上买的每一支股票，都设定了一个到此为止、不能再赔的最低标准。比如，我买了一只每股50美元的股票，我给自己规定不能再赔的标准是45美元。"也就是说，万一这只股票开始下跌，跌到比买入价低5美元的时候，就应该当机立断把它抛售出去，这样损失也就限定在5美元以内，而不至于赔得太多。

卡希斯继续分析道："如果当初你买得够聪明的话，你完全可能平均赚 10 美元到 25 美元，甚至是 50 美元。现在，设立了一个到此为止、不能再赔的最低标准，把你的损失限定在 5 美元，那么即使你有一半以上的判断出现错误，你还是能赚到很多钱的。"

罗伯茨听了恍然大悟——当初自己投 适 笘 是因为没有设定一个到此为止的底线，总盼着跌下去的又涨回来，结果越赔越多，最终血本无归。有了卡希斯的指点，再加上充分吸取以前的教训，罗伯茨很快学会了这个秘诀，投资手法越来越稳健，不仅挽回了以前的损失，还为自己和客户赚了不少钱，成了一个成功的投资经纪人。

故事到此还没有结束。罗伯茨后来发现，"到此为止"的底线原则不光适用于股票市场，同样也适用于生活。于是，他开始在股票投资以外，在每一件让自己感到不快和烦恼的事情上都定下"到此为止"的限制，效果非常好。

比如，他常常会和一个很不守时的朋友一起吃饭，但那人总是要在罗伯茨已经快吃完的时候才姗姗而来。自从罗伯茨给自己定下"到此为止"的底线原则后，他就告诉那位朋友："以后我等你的时间限制是 10 分钟，如果你 10 分钟还没到，你就不用来了，因为你来了也会找不到我。"

■ 富兰克林终生难忘的错误

富兰克林七岁时，犯了他 70 年来一直难以忘怀的错误。那时，七岁的他看上了玩具店里的一只哨子，他马上把自己所有的零钱都掏出来，连价钱都不问就把哨子买了下来。回到家里，他非常得意地吹着哨子到处转，希望得到大家的羡慕。可是他的哥哥姐姐很快就发现他买哨子给人多付了钱，于是大家都来嘲笑他，而他懊恼得大哭了一场。

看起来这并不是什么大不了的错误，可多年后富兰克林成为世界知名人物后，他还是清楚地记得这件多付钱买哨子的事。他说："当我长大以后，我看见许多人的行为，就像我当初买哨子付了太多的钱一样。简而言之，我认为人类的苦难部分产生于他们错估了事物的价值，也就是他们为买哨子多付了钱。"这就是富兰克林从中得出的道理。

■ 不要为哨子多付钱

换一种方式来说，富兰克林的意思就是，如果我们以生活的一部分作为代价来付出，并且付得太多的话，那我们就是这个世界上的傻子。

仔细想想，这样的傻子还真不少。比如著名歌剧作家吉尔伯和萨利文就是这么一对儿。

他们在创作上绝对是一对儿天衣无缝的好搭档，一个作词，一个谱曲，写了很多世人喜爱的轻歌剧。可是他们知道如何创做出快乐的歌词和优美的曲调，却不知道怎样寻找生活中的快乐，也不知道该如何去控制自己的脾气。因为一块地毯的价钱，他们竟然反目成仇：萨利文为他们剧院买了一块新地毯，作为合伙人的吉尔伯看了账单后十分生气，认为萨利文虚报了数字。结果两人闹得不可开交，最后对簿公堂，从此到死都没有再交谈过。虽然在创作上仍是两人合作，但方式却是——萨利文为新歌剧谱好曲后，就把它寄给吉尔伯；吉尔伯看过后，填上词，再寄回给萨利文。后来有一次，他俩必须同时上台谢幕，于是他们站在舞台两边，向不同方向的观众鞠躬，这样就可以避免看见对方。他们不懂得在发生矛盾和不快的时候，定下一个"到此为止"的最低限度，结果，他们为买的哨子多付了钱——一对好搭档的友情和信任。

我的姑妈伊迪丝也为买的哨子多付了钱。她和法兰克姑父住在一栋被抵押出去的农庄里。那里土质不好，灌溉条件又差，自然没有好的收成，所以他们一直过着艰难的生活。可是姑妈却总喜欢买些窗帘和小饰品来装饰家里，所以她曾向附近一家小杂货店赊账买这些东西。姑父是个极注重信誉的人，不愿意欠债，也担心妻子会因此给家里增添一些不必要的麻烦，所以他私下找到杂货店老板，要他以后不再让他妻子赊账买东西。姑妈知道后，大发雷霆，这股怒火一直持续到50年后的今天。我已经不止一次听她说这件事了，尽管她如今都快80岁了，她还在说。我对她说："伊迪丝姑妈，法兰克姑父那样对你确实很不公平，但是那件事已经过去50年了，你为了它抱怨了整整半个世纪，你不觉得你为这件事付出的代价太大了吗？"也许她真的没有想过，她为这些不愉快的回忆会付出如此沉重的代价——长达半个世纪的内心的平静。

■ 一定要具备正确的价值观念

在 100 年前的一个夜晚，面对瓦尔登湖畔的一片寂静，梭罗在自己的日记中这样写道："一件事物的代价，需要当场交换，或在事后付出。"

所以，无论做什么，只要我们具备了正确的价值观念，我们的心灵就可以获得平静。而且我相信，只要我们定出一种个人的标准，我们的忧虑有一半就可以消除，那就是：和我们的生活比较起来，什么样的事情才是更值得的。

千万不要为买哨子多付钱！

因此，在忧虑毁了你之前，先改变忧虑的习惯。请记住，任何时候，如果我们想买的东西不一定合算的话，我们应该先停下来想一想，问自己三个问题：

我现在担心的问题，和我自己到底有什么关系？

这件让我忧虑的事情，我应该如何确定"到此为止"的最低限度，然后把它整个忘掉？

我到底应该为这个哨子付多少钱？我的付出是不是已经超过了它的价值？

卡耐基成功信条

■ 人类的苦难部分产生于他们错估了事物的价值，也就是他们为买哨子多付了钱。

■ 如果我们以生活的一部分作为代价来付出，并且付得太多的话，那我们就是这个世界上的傻子。

■ 一件事物的代价，需要当场交换，或者事后付出。

■ 任何时候，如果我们想买的东西不一定合算的话，我们应该先停下来想一想，问自己三个问题：

现在担心的问题，和我自己到底有什么关系？

这件让我忧虑的事情，我应该如何确定"到此为止"的最低限度，然后把它整个忘掉？

我到底应该为这个哨子付多少钱？我的付出是不是已经超过了它的价值？

■ 无论做什么，只要我们具备了正确的价值观念，我们的心灵就可以获得平静；只要我们定出一种个人的标准，我们就可以消除一半的忧虑，那就是：和我们的生活比较起来，什么样的事情才是更值得的。

卡耐基成功金钥匙

忧虑的人们有没有考虑过这样两个问题：我为什么忧虑？这件事值不值得我忧虑？相信大部分人认真仔细地想过之后，都会发现自己的可笑愚昧。我们的生活还有太多的价值等待我们去发掘，为毫无价值的哨子付出如此多的精力和时间是多么愚蠢。卡耐基给我们提出的底线原则，其实是告诉我们对待生活的态度应该更积极乐观，这样才能有一个正确的价值观，才能搞清楚什么才是对我们最重要的事物。想通了这一点，我们就能告别忧虑的阴霾，发现生活原来可以这么开心愉快。

第三章　做自己情绪的主人

用行为控制情感

■ 控制情感，才能把握自我

控制自己的情感是一个人把握自我的最基本要求。在日常生活中，人的情绪会发生一定的起伏波动，这确实是一种无法避免的现象。我们每个人可能都曾有过这样的体验：一旦自己情绪特别好的时候，不仅神清气爽，而且工作起劲，对人对事都充满了光彩与希望，周围的一切似乎都是那么美好；而当情绪特别低落时，不但心情沮丧，而且意志消沉，身边的世界仿佛布满了灰暗与失望。对一般的人来讲，这种极端的欢乐与悲哀的情绪反应不易为个体所控制，因此对个体生活极具影响作用。一旦情绪产生，有些人往往沉沦于悲哀、痛苦、抑郁、孤独的心境之中而不能自救自拔。这种认为情绪无法控制只能听之任之的观点会给人的生活带来极大的负面影响。

从心理学的角度来讲，情绪是个体受到某种刺激所产生的一种身心激动状态。

其实，情感并不仅仅是出现在你身上的情绪，也是你自己对外界事物做出的一种心理反应。如果你主宰着自己的情感，就不会做出自我挫败性的反应。一旦你学会依照自己的选择控制个人的情感，你就踏上了一条通往"智慧"的路。在这条道路上，你将把情绪视为一种可选的因素，而不是生活中的必然因素。这正是人的个性自由的关键所在。

■ 情感是可以支配的

下面，我们可以借助于一个简单的三段论，通过逻辑推理，让你摒弃那种认为情感无法控制的观点，并开始控制自己的思维和情感：

1. 逻辑三段论。

大前提：狄克是一个人；

小前提：所有的人脸上都有毛；

结论：狄克脸上有毛。

2. 不合逻辑三段论。

大前提：狄克脸上有毛；

小前提：所有的人脸上都有毛；

结论：狄克是一个人。

从逻辑学的角度来讲，大前提必须与小前提一致。在上面第 2 个三段论中，其结论是错误的，因为狄克可能是人，也可以是猿猴或者其他脸上有毛的动物。

下面让我们看看第 3 个逻辑推理，这一例子将有助于让你彻底摆脱那种认为情感无法自我控制的观点。

3. 逻辑三段论。

大前提：我可以控制自己的思想；

小前提：我的各种情感都来源于我的思想；

结论：我可以控制自己的情感。

在上面这个三段论中，大前提是十分明确的，一个正常的人完全可以控制自己的思想和行为，所以你有能力对自己头脑所接收的信息进行思考。例如，如果有人要求你想象一只红色的羚羊，你可以将它想象成绿色，也可以将它想象成一只小山羊，或者干脆想象成别的东西。只有你自己才能控制进入你头脑中的各种想法，只有你才能对大脑的思想库做出选择，并组织成一定的逻辑程序。如果你不相信这一点，那请你试想一下：如果不是你在控制着自己的思想，那是谁在控制？客观的现实很清楚：是你——而且只有你——控制着自己思维的机器，你的大脑完全属于你自己，你可以完全控制住自己的思想，并完全由你决定是否加以保留、改变、审视或交流。除了你，谁都无法钻进你的大脑，也不能像你那样体验自己的思想和情感。

其次，3 中的小前提也是无可非议的。无论是从科学原理，还是根据常识判断都可以证实：一个人如果没有思想，那就没有情感。丧失了大脑功能，"感觉"能力也就不复存在了。人的每一种感情都是一种思想的生理反应。只有从思维中心得到某一信息之后，人才会出现哭泣、害羞、心跳加速以及其他各种可能的情绪反应。如果思维中心受到损坏或发生故障，你就不会做出任何感情反应。在大脑受到损伤的情况下，人甚至会感觉不到肉体的痛苦——即使将手放在炉子上烤焦了，也不会感到疼痛。因此，你的小前提是千真万确的。任何一种情感都必然产生于思维之后，因而没有思维，就没有情感。

有这样一个例子：迈克是一位年轻的公司职员，公司老板认为他做事太笨，对他的评价也不很好。为此，迈克常常感到十分痛苦。

我们试想一下：要是迈克并不知道自己的老板认为他很笨，他还会因此而不快吗？当然不会，一个人怎么会为自己不知道的事情痛苦呢？由此看来，造成迈克精神不快的原因并不在于上司对他的看法，而在于他自己的感觉。此外，迈克不快的原因还在于，他确信别人的看法比自己的看法更为重要。如果他认为自己并不太笨，而且极力通过自己的表现向老板来证明这一点，他也就不会因此而痛苦了。

这一推理同样适用于对各种事物及其他人的看法：某个人的死亡并不会使你感到悲伤，在得知其去世前，你是不会悲伤的。使你悲伤的原因并不在于其死亡这一事实，而在于你听到死讯后做出的一种心理反应。阴雨天气本身不会使人抑郁，抑郁是人类特有的一种情绪。如果你怕由于天气下雨或阴天而抑郁，那是因为你自己对天气的反应使你感到抑郁。当然，这并不是说你应该欺骗自己而非得喜欢阴雨天气，而是说你可以想一想："我为什么非要感到抑郁呢？""这样能使我更积极有效地解决问题吗？"

虽然我们实际上控制着自己的情感，但我们所学到的大量日常用语却往往否认这一点。下面我们简要列举一些此类常用语，分析一下每句话的含义，我们可以发现，这些话都含有一个共同的潜台词，即你对自己的情感是没有任何责任的。只要我们将每一句话重新组织一下，使其更为确切，就能说明一点：你在驾驭着自己的情感，而且你的情感是由你对外界事物的看法产生的。

"你真伤我的心。"	"我伤了自己的心，因为我是根据你的态度看自己的。"
"你使我不高兴。"	"我使我自己不高兴。"
"我的情绪就是好不起来。"	"我可以使自己的情绪好起来，但我就是要心烦意乱。"
"不知道为什么，我就是觉得生气。"	"我自己愿意生气，因为别人认为我控制着他们，而我通过生气便可随意摆布他们。"
"他真使我讨厌。"	"我使自己感到讨厌。"
"我一到高处就害怕。"	"我一到高处就吓唬自己。"
"你使我感到难堪。"	"我使自己感到难堪。"
"她很讨人喜欢。"	"我一见到她，就让自己喜欢她。"
"你使我当众出丑。"	"我使自己感到出丑，因为我重视你的看法，而不重视自己的看法，并且以为大家都像你一样看待问题。"

也许你会认为，左栏的每句话不过是一种修辞方式，它并不说明任何问题，或者只是一种习惯用语而已。如果你这样解释，那你不妨试问一下：右栏中的每句话为何没有形成口头语？其答案很简单，因为我们的传统习惯和社会环境总是提倡前者而排斥后者。

我们每个人都应该对自己的情感负责。你的情感是随着你自己的思想而产生的，那么，你只要愿意，便可以改变对任何事物的看法。首先，你应该想一想：精神不快、情绪低沉或悲观痛苦到底能给你带来什么好处？然后，你就可以认真地分析一下导致这些消极情感的各种思想。

成功人士与普通人士的最大区别在于前者用行为控制情感，后者用情感控制行为。成功人士在控制情绪时有许多方法和技巧，值得我们学习。

■ 掌握控制情绪的技巧

奥格·曼狄诺写的《世界上最伟大的推销员》向我们提供了许多控制情绪的方法。书中虚拟了一个巧妙的故事：少年海菲获得了十卷神秘的《羊皮卷》，他根据《羊皮卷》的原则行事为人，最终成为世界上最伟大的推销员、最伟大的商人，建立了庞大的海菲商业帝国。十卷《羊皮卷》，其实就是十条做人行事的准则。这十条准则是：

1. 决心。"今天，我开始新生活。"
2. 爱心。"我要用全身心的爱来迎接今天"；"最主要的，我要爱自己。"
3. 恒心。"坚持不懈，直到成功。"
4. 信心。"我是世界上最伟大的奇迹"；"我能做得比已经完成的更好。"
5. 重视今天。"忘记昨天，也不要痴想明天"；"假如今天是我生命中的最后一天。"
6. 控制情绪。"今天我要学会控制情绪"；"有了这项新本领，我也更能体察别人的情绪变化。"
7. 快乐。"我要笑遍世界。"
8. 自重。"今天我要加倍重视自己的价值。"
9. 行动。"我现在就付诸行动。"
10. 信仰。"万能的主啊，帮助我吧。"

这些就是迈向成功之路的金钥匙。这十把金钥匙里面，有两把金钥匙同情绪有关：第6条"控制情绪"和第7条"快乐"。可见，控制情绪在人生的成功之路上是多么的重要。

下面，我们看一看神秘的《羊皮卷》里面是怎样来告诉人们控制情绪的。

《羊皮卷之六》：

"潮起潮落，冬去春来，夏末秋至，日出日落，月圆月缺，雁来雁往，花开花谢，草长瓜熟，自然界万物都在循环往复的变化中，我也不例外，情绪时好时坏。"

"这是大自然的玩笑，很少有人窥破天机。每天我醒来时，不再有旧日的心情。昨日的快乐变成今日的哀愁，今日的悲伤又转为明日的喜悦。我心中像有一只轮子不停地转着，由乐而悲，由悲而喜，由喜而忧。这就好比花儿的变化，今天绽开的喜悦也会变成凋谢时的绝望。但是我要记住，正如今天枯败的花儿蕴藏着明天新生的种子，今天的悲伤也预示着明天的快乐。"

"我怎样才能控制情绪，让每天充满幸福和欢乐？我要学会这个千古秘诀：弱者任思绪控制行为，强者让行为控制思绪。每天醒来，当我被悲伤、自怜、失败的情绪包围时，我就这样与之对抗——

沮丧时，我引吭高歌。

悲伤时，我开怀大笑。

病痛时，我加倍工作。

恐惧时，我勇往直前。

自卑时，我换上新装。

不安时，我提高嗓音。

穷困潦倒时，我想象未来的财富。

力不从心时，我回想过去的成功。

自轻自贱时，我想想自己的目标。"

《羊皮卷之六》里面所阐述的控制情绪的箴言可以说是句句珠玑。只要你真正能够按照上面的原则来思考和行事，那么你一定能在通向成功的路上获得意外的收获。

卡耐基成功信条

■　事实上，你在驾驭着自己的情感，而且你的情感是由你对外界事物的看法产生的。

■　成功人士和普通人士的区别在于前者用行为控制情感，后者任情感控制行为。

卡耐基成功金钥匙

每个人都难免会有情绪波动，当情绪低落时，不妨以积极的行动来改变情绪，而不是任由自己陷在消极情绪的泥潭里而不能自拔。情绪与行为可以相互作用，消极的情绪导致消极的行为，积极的行为产生积极的情绪。

每天为自己打气

■ 拳击手杰克·丹普的经验谈

以下是拳击手杰克·丹普先生远离忧虑的故事：

在我的拳击生涯中，最强劲的敌人不是那些重量级的选手，而是自己内在的情绪困扰，因为情绪上的忧虑不但会消耗体力，还会影响拳击的进行。所以，我为自己制订了一套原则借以保持充沛的体力与旺盛的精力。这一套原则就是：

1. 为了让自己有充分的勇气，每当拳赛开始前我都会自我鼓励一番。我反复地对自己说："不要怕，没有什么可以伤得了我的，他击不倒我。"这种积极的鼓舞确实产生了不少作用。

例如，在我和佛波比赛的时候，我不断地对自己说："没有人敌得过我，他伤不了我，他的拳头伤不了我，我不会受伤，不管发生什么事，我一定要勇往直前。"像这样为自己打气，使想法趋向积极，对我帮助很大，甚至使我不觉得对方的拳头在攻击。在我的拳击生涯中，我的嘴唇曾被打破，我的眼睛曾被打伤，肋骨曾被打断，而佛波的一拳将我打得飞出场外，摔在一位记者的打字机上，把打字机压坏了，但我对佛波的拳头却并无感觉。只有一次，那天晚上李斯特·强森一拳打断了我的三根肋骨，那一拳虽不致让我倒下，但影响到了我的呼吸。我可以坦白地说，除此之外，我在比赛中未对任何一拳有过知觉。

2. 我一再地提醒自己，忧虑不但于事无补，反而还会产生相反效果。我的大部分忧虑，都出现在我参加重大比赛之前，也就是接受训练期间。我经常在半夜醒来，一连好几个钟头，心里十分忧虑，辗转反侧，无法成眠。我担心会在第一回合中被对方打断手，或扭了脚踝，或眼睛被严重打伤，如果是这样的话我就不能充分发挥优势。所以，每次因为担心第二天的赛程而睡不着觉时，我就会下床对着镜子中的自己说："你真是个傻瓜，何必为了尚未发生的事或根本不会发生的事而担忧呢？人生如此短暂，应该好好把握、享受生命才是啊，还有什么比健康更重要呢？"这样日复一日、年复一年地提醒自己，久而久之，这些话好像印到了我的骨髓里，经常不自觉地就浮现在脑海中，帮助我克服了许多情绪上的困扰。

3. 最后一项，也是最重要的一项就是祷告。一天中我有好几次与主交谈的机会，拳击赛中每次回合的铃响前、每餐吃饭前、每晚入睡前，我都会虔诚地祷告，祈求上帝赐给我力量与勇气，让我打好每一场人生战役。我的祈祷获得了回应吗？当然，上帝对我的回报远远超过了我的付出！

■ "我激励你"

每天早晨给自己打气，是不是一件很傻、很肤浅、很孩子气的事呢？不是的，这在心理学上是非常重要的。

世界上不是每个人都要面临巨大的困难，但是每个人都存在着若干问题，每个人都能通过暗示或自我暗示让激励标记产生作用。一种最有效的形式就是有意记住一句自我激励的语句，以便在需要的时候，这句话能从下意识心理闪现到有意识心理。

阿廉·方索斯曾是美国密苏里州东南地区某农场的一个病孩子。他在小学时遇到了一位优秀的老师，这位老师鼓励小阿廉·方索斯去改变自己的世界。老师用挑战的方式鼓励他："我激励你！""我激励你成为学校中最健康的孩子！""我激励你"成了阿廉·方索斯一生自我激励的语句。

他果真变成了学校中最健康的孩子。他在 85 岁逝世之前，帮助了数以千计的青年获得良好的心态，他还帮助他们立志高远、做事刚勇、考虑周到。

"我激励你"激励他建立了美国最大的公司之一——若尔斯通培里拉公司；"我激励你"激励他从事创造性的思考，把负债转化为资产；"我激励你"激励他组织美国青年基金会——它的目的是训练青年男女独立生活的能力；"我激励你"激励阿廉·方索斯写了一本书，名叫《我激励你》，今天这本书正在激励着男子和妇女们勇敢地把这个世界改造为更好的社会。

阿廉·方索斯是一个多么好的证明啊！一句自我激励语能有力地帮助人们发挥积极的心态！

说到此不禁让人想起那些在兴旺的 1920 年里取得经济成功的人，那时他们是以极好的态度开始他们的事业的。可是当 1930 年经济萧条袭来的时候，他们便遭到了失败——他们破产了。他们的态度便从积极的变为消极的，他们的法宝被翻到了"消极的心态"那一面。他们停止了努力，他们像那些抱持消极心态的人一样变成了一蹶不振的失败者。

■ 根除消极心态

有些人似乎在所有的时候都能充分使用积极的心态；有些人开始时使用，然后就停止使用了。但是，另一些人——我们中的大多数人——并没真正地开始使用对我们很有用的巨大力量。消极心态包括以下几个方面：

1. 惰性导致愚昧无知

对于不知事实或缺乏实际知识的人来说，面对一件事的愚昧无知似乎是合乎逻辑的；对于知道事实或具有实际知识的人来说，就可能是不合逻辑的了。当你在作决定的时候，如果你不肯保持开朗的心胸，不肯学习真理，那就是愚昧无知了。消极的心态会在愚昧无知的基础上不断地生长。

具有积极心态的人可能不知道事实，也缺乏实际知识。他可以不了解情况，然而他认识基本的前提——真理就是真理。因此，他就力图保持开朗的心胸，努力学习。他把他的结论建立在他所知道的事情上，并且准备在他认识更多些时就改变这些结论。

现在让我们再审视一下我们心理上的蛛网，这些似乎还存留在我们的脑中：

（1）消极的感情、情绪、激情、习惯、信条和偏见。

（2）只看到别人眼中的"凶煞"。

（3）由于语义上的误解所产生的争论和误解。

（4）由于虚假的前提而做出的虚假结论。

（5）把概括一切的限制性的词或词组作为基本或次要的前提。

（6）"需要"有可能迫使人产生不诚实的想法。

（7）不清洁的思想和习惯。

（8）担心应用心理的力量。

这样，你就可以看到蛛网有许多种——有些是细小的，有些是巨大的；有些是脆弱的，有些是结实的。然而，如果你把你自己的蛛网再列一张表，然后仔细检查每个蛛网的各条蛛丝，你就会发现它们都是由消极的心态织成的。

你把它们考虑一会儿，然后你会发现由消极的心态所织成的最强有力的蛛网就是惰性蛛网。惰性会使你无所作为。如果你转向错误的方向，它就会使你不去抵抗或不思停止，你就会继续前进，向下滑去。

2. 警惕潜意识的误导

一个人的潜意识通常是难以改变的，它经常会配合你本身的才能或曾犯过的错误，而把这些不愉快的经历返还给你。换言之，当你在潜意识中制造了消极的观念后，潜意识便会将你制造过的错误想法不分时候地任意归还于你，因此在你的思维过程中，极可能将你误导。

为避免遭受原有潜意识的误导，最好的方法莫过于将积极性的立场灌注于潜意识中，并努力培养积极的想法。如此你无异是在向你的潜意识灌输真理，而不久之后，你的潜意识也将开始把这些真理归还于你。

　　使潜意识变得积极的最佳方法便是摒除存在于你思想或言谈间的消极想法。例如，每当人们意识到消极想法存在时，便对自己的说话方式作一番分析，其结果往往令人感到十分惊异。

　　因为许多人都存有类似如下的想法：“我担心也许会来不及”，“轮胎是不是磨损了”，“我想，我办不到那件事”，“这个工作我大概无法胜任，因为我会忙不过来”等。此外，遇到事情有不好的发展结果时，他们就会说道：“哦！果然不出我所料。”又如，在抬头望见天空布满乌云时，他们心情会变得忧虑起来，并说：“我原本就知道会下雨！”

　　这些都属于“消极心态”。我们千万不可忽略“积少成多”的道理。当你的言谈中充满“消极心态”时，它会不知不觉地渗入你的思想深处，并积存它的影响力量，而这种力量往往会滋长到令人惊异的地步，甚至会在不久之后使你陷入“无能症”的泥沼中。

　　所以，你要下定决心，要从自己的言谈间根除这种“消极心态”。因为对于这种消极的心态，最好的消除办法是：不论对任何事都要表示积极肯定的主张，如事情将有顺利的结果、能够胜任工作、不会招致失败、必会准时到达等。由于这种把积极想法说出来的做法具有相当于在内心中呼应的积极力量，因此它能使你感到一切都将顺利地进行。

　　曾经有一幅引擎油的广告，上面写着：“洁净的引擎经常是力量的供应源泉。”这个广告的作者就一定有一个积极心态，这对他的事业将产生积极影响。换言之，洁净的心会是力量的供应来源。因此，请洗净你的思想，赋予你自身一颗洁净的心吧！

　　为了克服障碍，你不妨采用“不相信失败”的哲学之道。人们处理障碍的结果往往取决于其本身所持的心态，因为人们的障碍大多数源于心理上的问题。

　　也许你对此有所怀疑，但试想，一件事从考虑到决定的过程，是否即是心理的活动？你对于障碍的想法如何，是否会决定你对它所采取的行动或态度？事实上，如果你面对障碍之初便在心中断言绝对无法克服它，你便会在自认为“反正做不到”的心理下真正无法克服了。相反地，如果你拥有克服障碍的信心，情况自必不同。

因此，请你牢牢记住：障碍绝对没有你想象的那般困难，而是可以设法克服的。

无论在培养这种积极想法之初，你的信心是多么微小，只要保持这种想法，你必能获得成功。

卡耐基成功信条

■ 一个人最大的敌人是自己，胜利属于那些在失败时不断地为自己打气、对自己说"我能行"的人。

■ 每天早晨给自己打气并不是一件很傻、很肤浅、很孩子气的事，相反，这从心理学的角度来看是非常重要的。

卡耐基成功金钥匙

人难免会遇到一些挫折和烦恼，因此要懂得及时为自己打气，保持斗志和热情。人的心态就像车轮胎，经过几番颠簸，就会漏掉一些气，开始松软下来及时充气，才能继续前行。

第三部

智慧交往 赢得人脉

第一章　如何与人友好相处

从友善开始

■ 洛克菲勒的演讲

如果你在盛怒之下对他人大发脾气，对你来说固然从发泄中获得了一时的解脱，但那个人又如何呢？他能分享你此时的痛快吗？你那挑战的口气、仇视的态度，他受得了吗？"如果你握紧了两个拳头来找我，"威尔逊总统说，"那么，我可以告诉你，我的拳头会握得更紧。但是如果你这样说：'让我们坐下一起商量商量，看看为什么咱俩意见会不同。'那么我们不久就会发现，其实我们的分歧并没有想象的那么大，不同的地方很少，而相同的地方却很多。也就是说，只要我们有耐心沟通，再加上诚意，我们就能相互理解。"

小约翰·洛克菲勒极为欣赏与推崇威尔逊总统的这句话。1915 年，当时的洛克菲勒正因为持续了两年的科罗拉多州矿工罢工潮而声名狼藉，受到人们极度的轻视。那次是美国工业史上流血最多的罢工潮，整个科罗拉多州都处在动荡不安之中。愤怒的矿工要求科罗拉多州煤铁公司提高工资，而那家公司正是洛克菲勒所有。那时房产遭矿工破坏，最后不得已调动军队前来镇压。流血事件接连发生，很多矿工死伤在枪口下。

就在那个充满仇恨的时刻，洛克菲勒却要使那些矿工能够谅解他，而且他确确实实做到了。他是怎么做的呢？所有的经过是这样的：首先，洛克菲勒费了几个星期的时间去和工人们交涉，然后又对工人代表们演说。这一篇演讲稿堪称杰作，并且产生了惊人的效果，不仅完全平息了工人们的愤怒，还赢得了很多人的赞赏。在这篇演讲中，他用极友善的态度来阐明事实。事后，那些罢工的矿工一个个都回去工作了，再没提加薪的事。

以下就是那篇著名的演讲稿的开头部分，请注意它字里行间流露出来的友善精神。

"这是我一生中最值得纪念的一天，这是我第一次有这样的荣幸，和这家伟大的公司的劳工代表、职员以及督察们聚在一起。说心里话，我很荣幸来到这里，这样的聚会我将毕生难忘。如果在两个星期前举行这个聚会，我对你们大多数人来说肯定是个陌生人，即使有认识我的，在你们中间也不多。

"前些日子，我去了南矿区的宿舍，有幸能跟各位代表做一次个别的谈话，还非常荣幸地拜访你们的家庭，见到你们的太太和孩子们。所以今天我们在这里见面，都是朋友，而不再是陌生人了。在这种彼此友善的氛围下，我很高兴有这样的机会，跟你们探讨我们共同关心的事。

"这次的聚会，包括了公司的职员和劳工代表，我能来这里，都是承你们的厚爱。因为我不是公司的职员，也不是劳工代表。可是我仍然觉得，我和你们之间的关系是非常密切的，因为从某方面说，我代表了股东和董事。"

可别忘记了，洛克菲勒的这篇演讲，是说给几天前还想要把脖子吊在酸苹果树上的人听的。可是他所说的话，比医生、传道者更和蔼而谦逊。

他在这篇演讲中，运用了这样的语句："我很荣幸来到这里"，"非常荣幸地拜访你们的家庭，见到你们的太太和孩子们"，"我们在这里见面，都是朋友"，"我能来这里，都是承你们的厚爱"。这样的演讲，不是化仇敌为朋友的一个最理想的例子吗？

如果洛克菲勒运用的是另一种方法，如果他和那些矿工们展开争论，态度强硬地当面指出他们破坏矿场的事实，如果他用暗示威胁的语气告诉他们，说他们错了，那么这样会有什么样的结果？那必然会激起更多的愤怒、更多的仇恨以及更多的反抗。

■ 蜂蜜法则

如果有一个人，他心中对你有成见、恶感，那么你就是找出所有的逻辑、理由来，也不能使他接受你的意见；如果你用强迫的手段，就更不能使他接受你的意见，向你屈服。但是我们如果用和善的友谊、温和的言语，则可引导他和我们走向一致。其实早在 100 年前，林肯总统就说了类似的话，他说："一滴蜂蜜比一加仑的胆汁，能捉到更多的苍蝇。"对人也是如此。如果要人们同意你的见解，先得让他相信你是他真正的朋友，这样就有一滴蜂蜜黏住了他的心，你也就能带他走上理性的道路。

从商人的角度来说，如果知道如何运用友善的态度来对待罢工者，那就是高明的。例如，怀特汽车公司 2500 名工人为了增加工资而组织了工会进行罢工。公司经理伯勒克并没有震怒、斥责、恫吓，相反，他还把工人们夸奖、称赞了一番。他在《克利夫兰报》上登了一则广告，称颂他们那是"放下工具的和平方法"。 他看到罢工的纠察人员正闲得无聊时，就去买了几套棒球棍和手套，请他们在空地上打球。为了讨好那些爱打弹子球的人，他还替他们租了一间弹子房。

伯勒克经理友善的态度，即刻产生了友善的效果，唤起了罢工者们的友善精神。他们自动找来扫把、铁铲、垃圾车，开始打扫工厂场地。那些罢工的工人，正在要求加薪和承认工会之时，还整理工厂四周的环境，这种情形，在美国劳资纠纷历史上实在是前所未有。那次的罢工在一个星期内以和解结束——没有一丝愤怒和怨恨地结束了。

丹尼斯·韦伯斯特是一位非常成功的律师，他相貌英俊，谈吐不俗，很善于运用极温和友善的措辞在法庭上来引述他自己最有力的理由。比如，他经常这样说："这一点应该请各位陪审员考虑"，"诸位，这也许值得想一想"，"诸位，这几项事实，我相信你们是不会忽略的"，或者"我相信，以你们对人性的了解，很容易看出这些事实的重要"。韦伯斯特所说的话，没有咄咄逼人的气势，没有威逼高压的手段，也从不将自己的意见强加于人。他用的是轻言细语和安详友善的方式，而这也使他闻名遐迩。

■ 友善也可以帮你减低房租

也许你永远不会被请去解决一桩工潮，也没什么可能去跟法院陪审员发言，可是，也许你希望房东减低你的房租。那么这种友善的方法，可以帮助你吗？我们再来看看工程师斯罗伯先生的例子：

工程师斯罗伯希望房东能减低房租，可是他知道房东是个食古不化的老顽固，于是他写了一封信给房东，告诉房东在租约期满后，他将要搬出他的公寓。其实斯罗伯并不想搬——如果能减低房租的话，他还是愿意继续住下去的；但他知道希望很小——其他房客早都试过，结果也都失败了。根据他们的经验，这个房东是个很难应付的人。斯罗伯先生告诉自己："我正在研究如何与人相处的课程，不妨就在那房东身上试一试，看看效果如何。"

房东接到信后，带了秘书一起来了。斯罗伯在门口非常热烈地欢迎他。一开始，斯罗伯并没有第一句话就说到房租太高的事上。他先说如何喜欢这个公寓，称赞房东是如何管理有方，最后才告诉房东，他其实非常愿意继续住下去，可是他的经济能力确实无法负担。

房东大概从没有受到过房客这样的欢迎与称赞，他几乎有点儿手足无措了。

接着，他也向斯罗伯大倒苦水，诉说他遭遇到的许多困扰——他说有些房客一直向他埋怨；他还说，其中有个房客，曾写过 14 封信给他，有的信简直是侮辱；还有一位房客威胁他，说如果他不能使上面一层楼的人睡觉不打呼噜，就立即取消租约。

房东对斯罗伯说："有你这样一位满意的房客，对我来说是再好不过了。"然后不等斯罗伯开口，他就主动地减少了一点儿租金。但斯罗伯希望租金再减低些，并说出了所能负担的数目。房东没有多说一句话，就接受了。

房东临走时，还主动问斯罗伯房间里有没有要装修的地方需要他帮忙。

"当时，我如果用了其他房客所用的方法，要求房东减低房租，我相信我会遭遇到和他们同样的情形。正是友善的方法，才使我达到了目的。"斯罗伯先生这样总结道。

■ 两次宴会

家住纽约长岛沙滩花园城的戴尔夫人是一位社交界的名流，她最近请了几位朋友来她家吃饭。对她来说，这是一个非常重要的聚会，所以她希望届时能够一切顺利、宾主尽欢。

可没想到的是，平时的得力助手——管家艾米这次却表现得令她非常失望。他自始至终都没有在吃饭时间出现，只派了一个侍者在旁边服侍。而这个侍者对高级招待完全不在行，根本就不懂如何才能把戴尔夫人他们招呼好。同时菜也做得不好，肉又粗又老，马铃薯油腻腻的。戴尔夫人感觉极坏，觉得自己在朋友面前很丢面子，却又不得不强装笑脸。她发誓等见到艾米一定不会轻饶他。

等到客人走后，戴尔夫人的怒火才渐渐平息下去。她觉察到即使把艾米臭骂一顿也无济于事，反而会使他由此心生怨恨，将来再也不会为自己服务了。于是她试着从艾米的角度来看问题：菜不归他买，也不归他做，是他的手下太笨，这他也没有办法。戴尔夫人决定不去批评他，改用另一种方式去与艾米沟通。

第二天一早，戴尔夫人就见到了管家艾米。看样子，艾米已经对昨天的事做好了准备，正严阵以待主人的责备，随时准备为自己辩解。戴尔夫人见状，决定先以赞赏来作为开场白："啊，艾米，我想让你知道，当我宴请客人时，如果你能在旁边为我们服务，这对我实在是非常重要的帮助。要知道，你可是全纽约最好的管家。我完全了解你没有买菜，也没有做出那样的食物，所以，对于昨天的事，你也是无法控制的。"

艾米紧绷的神经松弛了下来，他笑着说："确实是这样，夫人。问题确实是出在厨师身上，我在这上面并没有做错什么。"

戴尔夫人紧接着说："所以，我又安排好了下一次的宴会。艾米，我很需要你的建议和帮助，你是否认为我们应该再给厨师一次机会？""噢，肯定要这样做。我可以向你保证，昨天那样的事再也不会发生了。"

到了第二个星期，戴尔夫人又在家请人吃饭。事前，她先和艾米一起设计好了菜单。艾米主动提出这次只收一半的服务费，戴尔夫人也就不再提起他过去犯的错误了。

后来宴会正式开始的时候，宴会厅的桌子上放着两朵鲜艳的美国玫瑰，艾米亲自站在一边照应。他的服务非常殷勤周到，戴尔夫人在那一刻甚至认为即使是皇后也得不到这样的服务。这次宴会的食物非常精美，味道也非常好。而宴会厅里有四名侍者在旁服务，而不是像上次那样仅有一个。

这是一次完美的宴会，以至于饭后戴尔夫人的朋友问她："你的管家的服务真是太好了，我从来没见过这么完善的服务，也从没受到过这样殷勤的招待。"

这一切都得归功于戴尔夫人没有对艾米得理不饶人，而是采取友善待人和真诚赞赏的态度，所以收到了非常好的效果。

■ 太阳和风的寓言

我小时候曾经读过一个关于太阳和风的寓言：太阳和风争论谁的力量大。风说："我可以马上证明给你看。你有没有看到那穿着大衣的老头儿？我发誓我可以比你更快地把他身上的那件大衣脱下来，那时你就知道我的力量比你大了！"

于是，太阳躲进云里去，风就刮了起来，几乎成了一股飓风。可是那风吹得越大、越激烈，老人把大衣裹得越紧。

最后，风不得不放弃努力，平息了下来。接着，太阳从白云后面出来，对着老人和善地笑着。似乎没有多久，老人擦拭着额头上的汗，并脱下了身上的大衣。于是太阳对风说："温柔、友善，永远比愤怒和暴力更有力量。"

当我童年刚读到这段寓言的时候，在遥远的波士顿城里发生的一件事，证明了这段寓言包含的真理。

波士顿在历史上是美国的文化教育中心。小的时候，我根本不敢梦想能有机会去那里一次。而证实那段真理的是来自波士顿的华尔·布兰顿医生，一个医学博士。就在30年后，他做了我讲习班里的一个学员。这里是布兰顿医生在班上所讲的情形：

当时，波士顿的各家报纸上几乎全都是些江湖郎中的广告，如专门替人堕胎的所谓"专家"和庸医的广告。表面上他们是在为人治病，但实际上却用种种耸人听闻的话，如"你将失去性能力"等等，欺骗无辜的受害者，使他们满怀恐惧。病患们在接受治疗后，听任那些骗子摆布，事实上根本得不到任何有效的治疗，结果造成很多堕胎者死亡。可是这些庸医却很少被判有罪，他们只要缴上一点儿罚款，或利用政治关系就可脱身。

这种情况实在太严重了，引起了波士顿民众的群起反对。讲道的牧师在讲台上拍案而起，抨击、痛斥那些刊登污秽广告的报纸，他们祈求万能的上帝能禁止那些广告。其他的社会团体、商人、妇女组织、教会、青年会等，全都一致声讨谴责，可是都无济于事。州议会内部也开展了激烈的争辩，希望通过立法宣布这种无耻的广告为非法，但终因影响到一些政治集团的利益而没有产生任何效果。

当时的布兰顿医生是波士顿一个很有影响的基督教团体委员会的主席，他和他的组织试用了一切方法，但都失败了。这场对付医学界败类的运动，看起来似乎已经没有什么胜利的希望了。

一天晚上，时间已经很晚了，布兰顿医生还在为这件事反复思考。最终，他决定尝试一个任何波士顿人都没有想到过的新办法——他试图用友善、同情和赞赏，使报馆自动停止刊登那一类广告。

布兰顿医生写了一封信给波士顿销路最好的《波士顿导报》的出版人。他对那家报社倍加赞誉，说他是《波士顿导报》的忠实读者，长期以来一直坚持阅读该报。因为该报新闻真实，从不追求刺激，不用明星的花边新闻和各种小道消息来吸引眼球，而它的社论做得尤其精彩，是一份最好的家庭报纸。布兰顿医生在信上又这样表示——《波士顿导报》是全马萨诸塞州最好的报纸，也是全美国最完美的新闻读物之一。

接着他笔锋一转："可是，我有个朋友告诉我，一天晚上，他那年幼的女儿朗诵你们报上的一则广告——那是一则堕胎医疗的广告。小女孩不清楚这广告的含意，就问她父亲那些字句的意思。我的朋友被他女儿问得窘迫至极，他不知道该如何向他那纯洁、天真的女儿做出解释。你们的报纸在波士顿所有的高尚家庭中，都是一份很受欢迎的读物。在我朋友家里发生的情形，相信在别的家庭里也会发生。如果你也有这样一个纯洁、天真、年轻的女儿，你是不是愿意她看到那些广告？而当你女儿向你提出同样的问题时，你又该做出什么样的解释？

"我不得不感到很遗憾！贵报几乎在各方面都很完美，却由于刊登这类广告，常使一些家长不得不把它藏起来，以免他们的子女看到那些内容。对于这一点，我为贵报感到十分惋惜！我相信其他成千上万的贵报订户也会有跟我同样的想法。"

两天后，布兰顿医生收到了《波士顿导报》的出版人的回信，这封信的日期是 1904 年 10 月 13 日。这封信他保存了三十多年，当他成为我讲习班上的一位学员时，他把那封信拿给我看。这封信的内容是：

亲爱的华尔·布兰顿先生：

本月 11 日由本报编辑部转交的您的一封信，我已经拜读。对您的来信，我非常感激，也非常惭愧。我已经下定决心来实行自我接管本报以来一直想做而未做的事。

自下周星期一起，本报所有报道中，将删除一切读者所不欢迎、反对的广告。药片、堕胎、注射器以及类似的广告将绝对取消。至于其他暂时不能停止的医药广告，编辑部也将郑重处理，经过尽量审慎的编辑方实行刊登，以不引起读者反感为原则。

谢谢您来信的善意提醒，使我获益良多，再度向您表达我由衷的谢意与感激，盼您以后继续支持本报，并不吝赐教。

《波士顿导报》出版人　赫格尔斯　顿首

伊索是希腊克里萨斯王宫中的奴隶，在基督降生前六百多年，他就编著了一部不朽的作品，那就是流传到今天的《伊索寓言》。其中关于人性的真理，如今仍适用于波士顿，如同它适用于 2500 年前的雅典一样。太阳比风更能使你脱去外衣！友爱、和善的接近，远比任何强权、暴力的打击更容易改变人原有的心意。

记住林肯所说的那句话："一滴蜂蜜比一加仑胆汁，能捉到更多的苍蝇。"

所以，当你希望别人同意你的意见时，别忘了这一个规则：以友善开始，你将赢得别人的心。

卡耐基成功信条

■ 只要我们有耐心沟通，再加上彼此的诚意，我们就能相互理解。

■ 一滴蜂蜜比一加仑的胆汁，能捉到更多的苍蝇。

■ 如果要人们同意你的见解，先得让他相信你是他真正的朋友，这样就有一滴蜂蜜黏住了他的心，你也就能带他走上理性的道路。

■ 温柔、友善，永远比愤怒和暴力更有力量。

■ 如果有一个人，他心中对你有成见、恶感，那么你就是找出所有的逻辑、理由来，也不能使他接受你的意见；如果你用强迫的手段，就更不能使他接受你的意见，向你屈服。但是我们如果用和善的友谊、温和的言语，则可引导他和我们走向一致。

■ 太阳比风更能使你脱去外衣！友爱、和善的接近，远比任何强权、暴力的打击更容易改变人原有的心意。

卡耐基成功金钥匙

每一个寻求成功的人都明白，当今的成功离不开人与人之间的合作，而友善则是一切合作的开始。从友善开始，可以消解隔阂，可以争取朋友，可以改善个人处境，可以避免受到伤害，可以为自己创造一个宽松和谐的人际环境。要做到这一点，其实很简单，只要彼此付出一点点，收获到的就是双方的需求与快乐。所以，与其说友善是一种道德与爱心的体现，毋宁说是一种人生的智慧，只是它常常发射出比智慧更夺目的光泽。有许多用智慧千方百计也得不到的东西，凭着友善却轻而易举就得到了。因此，友善更是一种力量，一种征服心灵、征服世界的力量。

当你错了，真诚地承认吧

■ 散步的遭遇

我家所在的地方几乎就是纽约的地理中心点，但从我家出来步行不到一分钟，就可以看到一片森林。每逢春季回暖，森林里到处野花盛开，松鼠在那里筑巢养育它们的孩子，马尾草长得有马头那么高。人们把这块完整的原始森林叫作"森林公园"——的确是一片森林，那里的情景可能跟几百年前哥伦布发现美洲时也没有多大分别。

我经常带着我那只宠物狗雷克斯去公园里散步，它是一只可爱驯良的波士顿哈巴狗，从不会伤人。由于公园里人很少，所以我经常不给雷克斯系上皮带或口罩。

有一天，我和雷克斯在公园中散步，碰到一个骑马的警察。看上去他似乎急于要显示他的权威。"你让那只不戴口罩的狗在公园乱跑，"他向我大声责问，"难道你不知道那是违法的吗？"

我柔和地回答说："是的，我知道，不过我想它不至于会在这里伤害人的。"

"你想不至于！法律可不管你怎么想！你那条狗会伤害这里的松鼠，也会咬伤来这里的儿童。这次我就放过你，下次我再看到你的狗没拴链子没戴口罩，你就得去跟法官讲话了。"

我点点头，答应遵守他的命令。

我是真的遵守了那警察的命令。但只遵守了几次，因为雷克斯不喜欢在嘴上套上一个口罩，我也不喜欢太束缚它，所以我决定碰碰运气。起初安然无事，可我到底还是碰上了钉子。那天，我带雷克斯跑到一座小山上，就在那时，我一眼就看到了那个骑马的警察。雷克斯当然不会知道怎么回事，它在我前面蹦蹦跳跳，直往警察那边冲去。

这次我知道事情麻烦了，所以不等那警察开口，干脆自己先认错。我说："警官，我愿意接受你的处罚，因为你上次已经讲过了，在这公园里，狗嘴上不戴口罩是违法的。"

那警察这回口气倒很柔和："哦，是的。不过我也知道，在没人的时候，带着一条狗来公园里溜达溜达，是很有意思的事！"

我苦笑了一下，说："是的，蛮有意思。只是，我触犯了法律。"

那警察反替我辩护，说："像这样一条哈巴狗，不可能会伤害人的。"

我却显得很认真地说："可是，它可能会伤害到树林里的松鼠等小动物！"

那警察对我说："那是你把事情看得太严重了。我告诉你怎么办，你只要让那只小狗跑过山，别让我看到，这件事也就算了。"

这个警察和一般人一样，他也需要得到一种自重感，所以当我自己承认错误时，他唯一能滋长自重感的方法，就是采取一种宽宏大量的态度，显示出他的仁慈。

如果当时我跟那个警察争辩，那结果跟现在肯定完全相反。

我不跟他争论，我承认他完全正确而我是绝对错误的。我迅速、坦白地承认我的错误，由于我已经站在他的立场上说了他的话，所以他也反过来替我分辩。这件事也就这样结束了。而一个星期前，这个警察还用上法庭来吓唬我。

假如我们已知道一定会受到责罚，为什么不先自己积极主动地认错呢？那不是比听从别人嘴里说出的批评要好受得多吗？

在别人责备你之前，赶快找个机会承认自己的错误，这也是一种以攻为守的策略。自己说出对方想要说的话，有99%的可能你会获得他的谅解，正像那骑马的警察对我和雷克斯一样。

■ 用"自我责备"赢得好感

沃伦先生是一位美术设计师，他专门替一些公司的广告或出版物做绘画或设计，这项工作最重要的原则就是简明准确。因为竞争激烈，有些美术方面的编辑人员常常会要求立刻完成他们所交来的工作。在这种情形下，若干轻微的错误就很难避免。在沃伦所认识的人中，有位美术主任最喜欢鸡蛋里面挑骨头，常常会让沃伦极不愉快地离开他的办公室。沃伦并非是由于那位美术主任对自己的批评、挑剔而不愉快，而是因为他攻击沃伦的方法。

最近，沃伦又交去一件匆忙中完成的画，他刚回来就接到那位美术主任打来的电话，说画出了问题，要他马上去他办公室。沃伦到了以后，果然不出所料，只见对方一脸怒容。沃伦突然想到刚刚跟别人学到的"自我责备"，于是他马上就说："主任先生，这是我无可宽恕的疏忽。我替你绘了这么些年的画，应该知道如何画才是，我真的感到非常惭愧！"

那位美术主任听他这样讲后，却开始替他辩护："是的，话虽是这么说，不过你画得还不算太坏，只是有点……"

沃伦接着说："不管是什么错误，都必须付出代价，否则让人家看了会讨厌……"美术主任想要插嘴，可是沃伦不给他机会。这是沃伦有生以来第一次批评自己——而他显然很愿意这么做。

沃伦接着又说："我应该多加小心，你平时给我那么多照顾，你应该得到你所满意的东西。这幅画我带回去，重新再画一张。"

主任摇摇头，说："不！不！我不想让你有更多的麻烦。"他开始称赞沃伦的作品，并很坦诚地告诉沃伦，他只是想做一个小小的修改。他又指出，这一点儿小错误，不会对他公司造成损失，毕竟只是一个极细微的小错误，不需要太担心。

由于沃伦积极主动批评自己，使美术主任怒气全消。最后，他请沃伦吃中饭，当他们分手的时候，他签了一张支票给沃伦，并交给沃伦另外一件工作。

沃伦就用这种"自我责备"的方法，赢得了一个粗鲁、无礼的顾客的好感。

布鲁斯·哈达威是新墨西哥州一家公司的经理，他在给一位请病假的员工核准薪水时犯了一个错误，给了对方全薪。他发现这个错误之后，立刻告诉那位员工，表示他一定要把错误纠正过来，本月多发的部分将在下月发工资时予以减扣。这位员工说这会给他带来很严重的困难，请求哈达威分多期来扣除多发的工资。但哈达威没有这个权限，这必须要经过总经理批准才可实行。

哈达威知道这样做会让总经理大发其火。如何才能更好地解决这个问题呢？他考虑了很久，最后他想，这个问题是由于自己的粗心造成的，因此他必须向总经理承认错误。

于是，哈达威走进总经理办公室，把这个事告诉了他。总经理听后大发脾气，说这是人事部门犯了错误，哈达威则坚持说是由于自己的错误而造成的；总经理又认为是财会部门搞错了，哈达威仍然坚持是自己的错误。不管总经理指责是谁的错误，哈达威都始终坚持是自己的错误。最后，总经理对他说："那你就去解决这个问题吧！"结果，这个错误很快就改正过来了，没有给任何人带来麻烦。而且，看到哈达威这次的表现，从此以后，总经理也对他更加重视了。

■ 李将军的自责

任何一个傻瓜都知道尽力为自己的过错辩护——而多数愚蠢的人也正是这样做的。一个敢于承认自己错误的人，总会赢得别人的谅解，并且会给人一种谦恭、高尚的感觉。有这样一个极好的例子，当年罗伯特·李将军做过的一桩最完美的事，就是他把皮克特在葛底斯堡战役中的失败完全归咎到自己身上，并为此自责。

在那个惨痛的7月的一个下午，皮克特骑马率领南军士兵冲向北军阵线。军队迅捷地往前推进，经过果园、农田、草地，翻越过山峡。北军的炮火始终朝他们猛轰，可是他们丝毫没有退缩，依然勇敢向前推进。突然间，北军设在山脊背后隐蔽处的伏兵从后面涌出，对着没有准备的南军军队枪炮齐射，山上顿时硝烟四起，犹如火山爆发。短短几分钟内，皮克特带领的5000大军几乎在枪林弹雨中倒下了4/5。

皮克特手下阿姆斯特率领残军左冲右突，拼死搏杀。经过一番短兵相接的肉搏战后，他终于把南军的战旗竖立在了北军的领地上。

战旗在山顶只飘扬了一会儿，虽然时间很短暂，却是南方盟军战功的最辉煌纪录。

皮克特在这场战役中的冲锋，虽然获得了人们对他光荣、勇敢的赞誉，可是也是战争的转折点——李将军失败了！他知道已无法深入北方。

葛底斯堡战役成为美国南北战争的转折点，从此刻开始，南军一步一步走向失败的深渊。

李将军受到了沉重的打击，他满怀悲痛与懊丧的心情，向南方政府总统戴维斯提出辞呈，请求另派"更加年轻有为的人"前来带兵。如果李将军把皮克特的惨败归罪到别人身上，他可以找出几十个借口来——有些师长不尽职、马队后援到得太迟不能及时协助步兵进攻等等。可以说这里有不是，那里有不对，总之理由很多。

可是李将军没有责备任何人，也不归咎于别人。当皮克特带领残兵败将回来时，李将军只身单骑去迎接他们，并自责说："这都是我的过错。这次战役的失败，我应该负所有的责任。"

纵观史海钩沉，无数将星璀璨，却很少人有李将军这种勇气和高尚情操，敢于承认自己的错误。

著名讽刺作家赫巴特的作品颇具争议性。他的文风泼辣讥讽，常引起人们对他的强烈反感和不满。可是，赫巴特有他一套特殊的待人技巧，常常可以将一个敌人转变成他的朋友。

例如，有一些愤怒的读者写信来批评他的作品，并在末尾臭骂他一顿。赫巴特就会给他们这样一个回答："是的，在我细想之后，连我自己也无法完全赞同我自己。我昨天所写的，也许我今天就不以为然了。我很高兴能知道你对这个问题的看法，下次你到附近来的时候，欢迎你来我这里谈谈，我随时恭候你的大驾光临。"

如果你接到这样一封回信，你能说些什么？

若是我们对了，我们要巧妙婉转地让别人赞同我们的观点。可是，当我们错的时候，我们要快速坦诚地承认我们的错误。运用这种方法，而且在相当多的情况下，远远比替自己辩护有效得多。

别忘了有那样一句话："用争斗的方法，你很难得到满足。可是当你谦让的时候，你可以收获比你所期望的更多。"所以，你要获得人们对你的认可，你就该记住这项规则：如果你知道自己错了，请迅速、郑重地承认自己的错误。

卡耐基成功信条

■ 一个有勇气承认自己错误的人，也可以得到某种满足感。这不仅仅能够消除罪恶感和自我辩护的气氛，而且有利于解决实质性问题。

■ 若是我们对了，我们要巧妙婉转地让别人赞同我们的观点。可是，当我们错的时候，我们要快速坦诚地承认我们的错误。在相当多的情况下，这远远比替自己辩护有效得多。

■ 用争斗的方法，你很难得到满足。可是当你谦让的时候，你可以收获比你所期望的更多。

卡耐基成功金钥匙

一个人犯了错误并没什么大不了的，而不敢承认错误才是最大的悲哀。不要总害怕承认自己的错误，以为这样别人就会看不起自己。其实，真正有能力的人是勇于承认自己的错误的人。承认自己错了，可以提高一个人的信誉，对自我完善也大有裨益。更重要的是，这样常常能够让对方停止跟你的无谓争斗。记得有个睿智的作家曾说过这样一句话：那个名叫"失败"的妈妈，其实不一定生得出名叫"成功"的孩子——除非她能找到那位名叫"反省"的爸爸。

顾全对方的面子

■ 保住对方面子是很重要的事

数年前，美国通用电气公司遭遇到一桩麻烦事：他们打算撤去某部门主管查尔斯·斯坦梅茨的职务。斯坦梅茨原先在电气部门时可以算得上是第一流的人才，可是，他后来调任会计部主管，这对他来说实在是英雄无用武之地，他根本无法胜任。由于斯坦梅茨是电气方面不可多得的人才，而且性格又很敏感，公司不敢得罪他。所以，公司决定特别授予他一个新头衔——通用电气公司顾问工程师。他还是干他的老本行，只是换了个头衔，而会计部主管则由别人出任。

斯坦梅茨很高兴！通用电气公司的主管人员也很满意。他们在平和的气氛中，通过巧妙的手段调动了这位重要的高级职员——一个敏感易怒的天才，而他们之间，并没有发生任何不愉快的事，因为他们让斯坦梅茨保住了面子。

保住一个人的面子，是一件多么重要的事啊！可是我们中间却极少有人想到过这一点。我们无情地蹂躏别人的感情，不留一丝余地地找别人的错处，或者加以恐吓威胁！我们当着别人的面，批评一个孩子或一个佣工，而毫不顾虑别人的自尊!

　　其实,我们只需要花几分钟的时间想一想,再说一两句体恤的话,谅解对方的观点,就可以减少很多刺痛。

　　下次如果我们需要辞退佣人或是雇员时,一定要记住这一点。

▉ 别让他感觉"被遗弃"

　　现在我引述会计师格雷戈给我的一封信:"对辞退者来说,辞退雇员并不是一件有趣的事,而对被解雇的人来说,当然更是没趣。由于我们公司的业务都是有季节性的,所以每年的3月,在所得税申报热潮过了之后,我都需要辞退一批多余的雇员。

　　"在我们这一行中,有一句俗话叫'没有人愿意抢斧头'。因此,大家也都变得麻木不仁,只希望把这事解决得越利索越好。通常我们会这样做,每当解聘一位雇员时,我总会这样说:'请坐,某某先生。现在这个季度已经过去了,我们现在似乎再没有什么工作给你做了。当然,我相信你事前也清楚,我们只是在旺季忙不过来的时候,才雇佣你们来帮忙。现在我们不得不辞退你。'

　　"我所讲的这些话,对这些人的影响,是一种失望,而且是一种损及尊严的'被遗弃'的感觉。他们当中大多数人终身从事会计工作。他们对这些草率辞退他们的公司,自然不会怀有特别的感情。

　　"所以,除非不得已,我决不轻言解雇。最近当我要辞退公司那些多余雇员时,就决定多用上一点儿谈话的技巧与体谅。我把每人在这一季中的工作成绩都仔细考察过后,才一一召见他们。我对他们这样说:'某某先生,你这次的工作成绩非常好(假如真好的话)。那次我们派你去纽瓦克办的那个艰苦的任务,确实非常麻烦,但是你却办得有声有色,圆满完成,没出一点儿差错。我们希望你能知道,公司非常欣赏你的才能,并且以有你这样的人才为荣。你很能干,有真本事,无论到什么地方都会有人欢迎你的,你的前途很远大。本公司相信你,并将永远支持你,希望你不要忘记这一切!'

　　"结果如何呢?这些被辞退的人,心情似乎舒服多了,他们不再觉得是受了委屈，是'被遗弃'，至少他们不觉得损及尊严。他们知道，如果这里有工作给他们做，我们一定会继续留下他们的。当我们下一次又需要他们来时，他们会带着深切的感情，非常乐意重新回到我们公司。"

■ 两个不同的结果

来自宾夕法尼亚州哈里斯堡的弗雷·克拉克学员讲述了他们公司的一件事：在一次生产会议中，一位副总裁提出了一个非常尖锐的问题，是有关生产过程管理的。他气势汹汹，语调充满攻击性地质问一位管理生产过程的生产监督员。很明显，他就是想指出是因为这位监督员的处置不当从而导致了问题的出现。为了不让自己在同事面前出丑，监督员的回答也就含糊不清，顾左右而言他。这样，副总裁被激怒了，他厉声痛斥这位监督员是个骗子，并指责他在说谎。

"再好的工作关系，都会被这一刻的火爆场面给毁了。"克拉克说，"凭良心说，这位监督员本来是一个很负责的人，但从那一刻起，他再也无法在我们公司待下去了。几个月后，他去了另一家公司——我们的竞争对手那里。据我所知，他在那里工作非常认真称职。"

安娜·马佐尼小姐是我班上的另一名学员。她则讲了她工作中一件非常相似的事，但不同的是处理的方式和结果。

马佐尼小姐是一位食品包装业的市场营销专家。她的第一份工作是对某个新产品进行市场调查。当结果反馈回来后，她发现自己在事先计划时犯了一个严重错误，导致整个调查都必须重新再做一遍。而更糟糕的是，她在下次开会要提出这次计划的报告之前，已经没有时间再向老板反映自己由于计划错误而需要重新研究这回事了。

马佐尼小姐回忆道："轮到我做报告时，我心里非常不安。我极力压抑自己的情绪以不使自己崩溃，我只知道自己决不能哭，这样别人就会认为女人太情绪化而无法胜任行政业务。我那次报告很简短，只是说因为发生一个错误，我会在下次会议前重新研究。我匆匆结束报告后，等待老板对我的训斥。

"但是我的老板并没有训斥我，他只是感谢我的工作，并强调说在一个新计划中犯错不足为奇。并且他很有信心地肯定我缺少的是经验，不是能力，相信我的下一次调查会更准确，更有利于公司。

"当时我心里万分感动，也万分愧疚。散会之后，我下定决心，我决不会再让我的老板失望。"

■ 败将面前的凯末尔

在历史上，土耳其和它的邻国希腊一直是一对不可调解的死敌。后来，土耳其遭到希腊的侵略，双方的仇怨越积越深。经过数百年的敌对仇视，到了1922年，土耳其人终于决定要把长期入侵的希腊人永远驱逐出土耳其领土。

土耳其总统穆斯塔法·凯末尔向他的士兵们作了一番拿破仑式的演说。"你们的目的地，就是地中海。"就这样一句话，世界近代史上最激烈的一场战争开始了。这场战争的结果，土耳其人大获全胜，希腊人终于被赶出了土耳其。当希腊的两位将军黎科皮斯和狄阿尼斯到凯末尔的司令部投降时，沿途的土耳其民众对被他们打败的仇人痛加辱骂。

可是，凯末尔并没有以胜利者自居，丝毫没有显示战胜者的骄气。他握着他们的手说："两位请坐，你们一定已经极度疲倦了！"在详细讨论过投降事宜之后，为了减少因战败而遭受打击的两位希腊将军心理上的苦痛，凯末尔以军人对军人的口气安慰他们说："战争是一种竞技比赛，即便是最优秀的高手，有时候也会遭遇到失败的。"

即使是在胜利的光环下，凯末尔依旧牢牢地记着这项重要的规则，那就是：使对方保住面子。

卡耐基成功信条

■ 每个仲裁者都懂得这一点——让人保全他们的面子。

■ 即使我们绝对正确，对方绝对错误，如果我们没有保住对方的面子，也会毁了他的自尊。

■ 世界上真正伟大的人物，其伟大之处正在于——他们不会将时光浪费在对个人成就的自我欣赏上。

■ 几分钟的思考，一两句体贴的话，对对方态度的宽容，对于减少这种伤害都大有帮助。

■ 伤害别人的自尊是一种罪过。

卡耐基成功金钥匙

顾全对方的面子，实质上就是尊重对方，让对方充分感到自尊。相互尊重，是人与人之间友好相处的基本规则。卡耐基认为，我们没有权利去做或说任何事来贬低一个人的自尊。重要的不是我们觉得对方怎么样，而是他自己觉得自己怎么样。即使对方错了，也要尊重他。无论如何，伤害人的自尊都是一种罪过。不给对方面子，伤害对方的尊严，这对事情的改变没有任何益处，反而有可能使结果变得更糟糕，更令人难以接受。而真正的领导者则会意识到保住对方的面子、给予对方尊重的重要性，从而给事情的良性转变提供有益的基础。这样，最终实现双赢也有了可能。

善于倾听，谦于守己

■ 专心注意对你讲话的人

最近我参加了一次出版商举行的宴会。宴会后，客人们开始打纸牌。我不会玩，正好另一位美丽的女士也不会，我们正好坐下聊聊。旅游成了我们谈论的主题。

她提到她和丈夫最近刚从非洲旅行回来。"非洲！"我说，"那一定非常有趣！我一直都想去非洲看看，可从来都没机会。请你告诉我，你到那广袤的东非草原上游历过吗？啊！那真是太幸运了！我由衷地羡慕你，快告诉我你在非洲旅行的详细情形吧！"

我们非常愉快地聊了将近一个小时。她也没有问我到过什么地方，看见过什么奇景。显然，她此刻并不想听我谈我的旅行，她只不过需要一个专注的静听者，听她讲述她的经历。

在现实生活中，类似这位女士的人少见吗？不，相当多的人都是如此。

我在另一次宴会上遇到一位著名的植物学家。我以前从没同植物学家打过交道，所以觉得和他聊天应该非常新鲜。于是我坐在椅子上，静静听他讲大麻、室内花园以及马铃薯。正好我家也有一个小型室内花园，他非常热心地告诉我应该注意哪些问题。

那次宴会还有十几位别的客人也在那里，但是我违反了礼节，与这位植物学家交谈了几个小时，却忽略了其他客人。到了午夜时分，主客纷纷道别。这位植物学家在主人面前对我极力恭维，说了我不少好话，还说我是他遇到过的"最有趣的谈话家"。

最有趣的谈话家？我从未想过我会得到这样的评价。因为在谈话过程中，我几乎没说什么话。其实即使我想说，也说不出什么，因为我对植物学的了解并不比动物解剖学多。但是我做到了一点：我非常专注地静听，因为我真正对此产生了兴趣。而他也觉察到了这一点，那自然会让他高兴。静静地倾听是我们对任何人一种最好的恭维。

■ 专心注意对你讲话的人

一位学者说："成功的商业交往并没有什么神秘。专心注意对你讲话的人极为重要，没有别的事情能比这样更使他感到开心。"这道理是不是很显而易见？你不需要受过很高的教育就能发现这一点。但还是有一些人没有意识到这一点。我们平时也可以看到，有些商店门面装修十分豪华，陈设商品的橱窗也布置得琳琅满目，还花不少钱来打广告，然而雇佣的却是一些不会静听他人讲话的营业员——他们总是中止顾客谈话、反驳顾客意见，甚至激怒顾客，更有甚者还将顾客赶出大门。

有一位霍顿先生就有过这么一次经验：有一次，他在一家百货公司买了一套衣服。穿了一次后，他发现那上衣竟然褪色，把他的衬衣领子都弄脏了。于是，他把这套衣服带回百货公司，找到卖给他衣服的售货员，投诉衣服的质量问题。没想到他刚一开口，那位售货员就打断了他的话头："你可是第一个来找麻烦的人，要知道，这种衣服我们已经卖出了上千套，没有一个顾客说有问题。"

　　自然，双方为此展开了激烈的争论，售货员的同事也加入进来。"所有的深色衣服最初都是要褪一点颜色的，这是没办法的事情。"另一位售货员手一摊，说，"这种价钱的衣服就是这样，那是颜料的问题。"

　　第一个售货员怀疑霍顿先生不诚实，故意来找麻烦；第二个售货员则是暗示他没钱只好买便宜货。霍顿先生气得火冒三丈，正准备骂他们时，商店的经理来了。比起那两位售货员，经理有着更高的职业素养，他非常明白自己的职责。也正是这位经理，使恼怒的霍顿先生最终变成了一位满意的顾客。

　　经理是怎么做到的呢？霍顿先生在讲习班上讲述了事情的经过："首先，他静静地听我从头到尾讲完事情的经过，一个字的意见也没发表。然后，当售货员们就我的讲话要插话发表意见时，经理站在我的角度和他们辩论。他不仅指出我的衬衫领子是明显地被那上衣弄脏的，还坚持说他们的商店不应该出售让顾客不满意的商品。最后，他非常直率地承认他不知道这衣服出毛病的原因，并坦诚地问我想要他如何处理这套衣服，如果我有什么要求他都可以照办。"

　　经理的态度让霍顿先生的怒火渐渐平息下来，于是他回答经理说："我只需要你的建议，我必须知道这种情况是否是暂时的，有什么办法可以解决。"经理建议霍顿把这套衣服再试穿一个星期，到时如果仍然不满意，他承诺一定给他换一套，并对这事给霍顿先生造成的困扰和不便表示抱歉。霍顿就这样满意地回去了。一星期后衣服没出毛病，霍顿也完全恢复了对这家百货公司的信任。

■ 调解员的技巧

　　即便是最挑剔的人、最激烈的批评者，也常常会被一个忍耐、克制的静听者软化，因为哪怕那气愤的寻衅者嘴里吐出的词语像毒蛇的毒物那般险恶，静听者选择的仍然是静静地倾听。

　　纽约电话公司就曾应付过一个最难缠的顾客。这位老先生总是对该公司的服务不满意，于是他咒骂接线生，恫吓要拆毁电话，拒绝缴纳他认为不合理的电话费用。他还给报社写信，并屡屡向公共服务主管部门投诉，使得纽约电话公司卷入了数起诉讼。

纽约电话公司最后派了公司中一位最富技巧的调解员去访问这位脾气乖张的老先生。第一次，老先生一见到调解员就大肆发泄他的满腹牢骚，调解员只是静静地听着，并对其表示同情。就这样，老先生喋喋不休地抱怨了足足三个小时，调解员则一直静静地听着他的牢骚。后来，调解员又来访问了三次，每一次他都是静听老先生发牢骚。到第四次访问结束，调解员已经成为老先生正在创办的一个组织的会员，老先生称这组织为"电话用户权利保障会"。

在这几次访问中，调解员所做的就是静听，并且同情客户所说的每一点。他没有像电话公司其他人那样同他谈话，脾气暴躁的老先生自然态度友善起来。而调解员访问他的主要目的，在第一次访问时没有提到，接下来的两次也没有提。到了第四次访问，他却圆满地达到了访问的目的，老先生把拖欠的账都付清了，并且第一次撤销了向公共服务主管部门提交的对纽约电话公司的投诉申请。

毫无疑问，这位老先生自认为他是在为公义而战，是为了保障公众的权利不被电话公司剥削，但事实上他需要的是一种自重感，希望能得到别人对他的重视。所以，他总是百般挑剔，抱怨电话公司的服务质量，希望能引起对方的重视。当这一目的没达到时，他就感到满腹牢骚和委屈；但当他的自重感从电话公司代表——调解员那里得到满足后，他那不切实际的冤屈自然也就烟消云散了。

值得一提的是，那位调解员现在仍然是老先生创办的"电话用户权利保障会"的会员，而除了那位老先生外，调解员就是该组织唯一的会员了。

■ 他们所要的只不过是一个静听者

在美国南北内战最困难的时候，林肯总统写信给在伊利诺依州春田的一位老朋友，请他来白宫做客。林肯在信中说，他有一些问题想和他讨论。这位老朋友来到白宫，林肯同他谈了几个小时关于即将颁布的《解放黑奴宣言》的问题。林肯对这一宣言颁布后将产生的赞成和反对的可能理由都一一加以分析和探究，然后还读了一些谴责他的信件和报纸，有的怕他不会解放黑奴，有的却是害怕他解放黑奴。就这样，几个小时过去了，林肯与他的老朋友握手道别，把他送回春田。这次谈话，林肯由始至终竟然没有征求一次那位老朋友的意见和看法，所有的话都是林肯一个人在说，他似乎只是为了舒畅一下自己的心境。在他老朋友眼里，林肯并不需要别人的建议，他只需要一位友善的、充满同情的静听者，使他可以发泄苦闷。这是每一个人在困难中都需要的。看起来，这次谈话之后，林肯的心情已经舒适了很多。

马尔科先生大概是这世上最优秀的名人访问者，他根据自己多年的访问经验总结出来一个教训：很多人之所以不能让他人对自己产生好印象，恰恰就是因为他们不注意静听对方的谈话。他们只关心自己要说什么，却从不打开自己的耳朵。"一些大人物告诉我，他们更喜欢善于洗耳恭听的人而非善于高谈阔论的人，但是要做到静听，好像比做到其他更少见。"岂止大人物要求他人善于倾听，其实普通人也是一样。《读者文摘》的一个专栏作家曾这样分析道："为什么现在这么多人都跑去看心理医生？其实他们所要的只不过是一个静听者。"

所以，如果你希望自己成为一个善于谈话的人，那就请先做一个善于静听的人。你要使别人对你感兴趣，自己首先就要先对别人感兴趣。问别人喜欢回答的问题，多多鼓励他谈论他自己以及他所取得的成就。切记，与你谈话的人，对他自己、他的需要、他的问题，永远都比对你或你的问题要感兴趣一百倍。

让我们记住这项规则：如果要使别人喜欢你，你一定要做一个善于静听的人，并多鼓励别人谈论他们自己。

卡耐基成功信条

■ 静静地倾听是我们对任何人一种最好的恭维。

■ 使人躲避你唯恐不及的最好办法就是——决不静听别人说话，不断地谈论你自己。

■ 那些只讨论自己的人，只会为自己着想，他们被自私和自重感麻醉了。他们其实是无可救药的缺乏教育者，无论他曾经受过怎样的教导。

■　友善的、充满同情的静听者，是每一个人在困难中都需要的——愤怒的顾客需要，满怀抱怨的雇员需要，感情受到挫折的朋友也需要。

卡耐基成功金钥匙

　　沟通的目的是理解，不仅需要被理解，而且还需要理解对方。使沟通有效的另一种方法是倾听，忽略倾听将会使沟通失败。如果仅仅只是用语言告诉别人你尊重他，对方恐怕难以相信。行动胜过言语，主动倾听对方的讲话，事实上就是用一种无声的语言表达了你对他人的尊重。好的倾听者，用耳听内容，更用心"听"情感。倾听本身也是一种鼓励方式，能提高对方的自信心和自尊心，加深彼此的感情。卡耐基在这里提醒我们大家，做一个好的聆听者，我们不仅会赢得对方的赞美，更重要的是——我们将赢得对方的心。倾听不仅对我们的工作而且对我们日常生活中的为人处事都至关重要。许多人无法给别人留下良好印象都是从不会或不愿倾听开始的。让我们一起来练好这个基本功吧。

第二章　把别人吸引到身边来

练就一流口才

■ 口才的感染力

有这样一位聪明的女士，她尽管说得很少，但却享有盛名，被公认为一个优秀的交谈者。她在交谈时的态度非常热诚且善解人意，因此在她面前，即便是最羞怯、最胆小的人，也会在她的鼓励下谈论自己身上最美的闪光点，并感到自己能轻松自如地和她谈话。她解除和驱逐了别人的担忧和疑虑，使得他们能够畅所欲言，向她诉说无法向其他人诉说的东西。人们认为她是一个有趣的、成功的谈话者，因为她能够挖掘别人身上最优秀的内涵。

如果你想使自己成为一个令人愉悦的人，你就必须想方设法了解与你对话者的生活，并且用他们最感兴趣的内容来打动他们。不管你对一个话题是多么了解，如果它不能令你的谈话对象产生兴趣，那么你的努力大半都是徒劳的。

高明的谈话者总是机智得体——他在逗趣的同时不会冒犯和得罪他人。如果你想令他人感到诙谐有趣，你就不能戳伤他们的痛处，或者是对他们的家庭琐事喋喋不休。一些人就有那种特殊的品质，他们能够准确地挖掘我们身上最美的闪光点。

林肯就是这样一位非凡的艺术大师，他使得自己在任何人面前都能做到诙谐风趣。他用生动有趣的故事和玩笑使人们彻底放松紧张的心情，所以，很多人在林肯面前都感到非常轻松自如，以至于愿意毫无保留地向林肯倾诉心底的秘密。陌生人总是乐于和他谈话，因为他是如此的热诚和风趣，和他谈话时简直如沐春风，并且受益良多。

像林肯所具备的这种幽默感当然是增强谈话感染力的重要因素，但是，并不是每个人都能如此幽默风趣。如果你缺少幽默的天赋，而又企图牵强地制造幽默时，结果往往适得其反，那只会令你自己显得滑稽可笑。

■ 成为高明谈话者的途径

一个高明的谈话者不能过于严肃或不苟言笑。他不能过多地列举一些枯燥的事实，不管这些事实多么重要。因为枯燥的事实和单调乏味的统计数据只能令人感到沉闷和厌烦。生动活泼是高明的谈话所不可缺少的。沉重的谈话惹人厌烦，而过于轻浮的谈话同样令人反感。

因此，要想成为一个优秀的谈话者，你必须自然而不造作，活泼而不轻浮，富于同情心而不惺惺作态。你必须从你的心底流露出一种善良的意愿；你必须真正感觉到那种乐于帮助他人的热诚，并且全身心地投入到那些令他人感兴趣的事物中去；你必须吸引人们的注意力，并且通过打动他们的内心来牢牢地抓住他们的注意力，而这只有借助于一种令人感到温暖的、真正友善的同情和共鸣才能做到。如果你是冷漠的、缺乏同情心的、拒人于千里之外的，你根本不能抓住他们的注意力。

你必须胸怀开阔、宽容他人。一个胸襟狭小、吝啬小气的人永远都不可能成为高明的谈话者。如果某人总是对你的个人爱好、你的判断力、你的鉴赏力横加干涉，那么你永远都不会对他感兴趣。如果你紧紧地封锁了任何一条可以靠近你的心灵的途径，所有沟通和交流的渠道都对别人关闭了，那么，你的魅力和热诚就由此被切断了，你们之间的谈话只能是漫不经心的、马马虎虎的和机械单调的，不会带有任何活力或感情。

你想要使你的听众靠近你，就必须开放你的心灵，并以一种最自然的状态去拥抱对方。你必须先做出响应，然后他人才会毫无保留地向你展示自己，使你自由地进入他的内心最深处。如果一个人在任何地方都是成功者，那么其奥秘只能在于他的个性，在于他拥有一种能够以强有力的、生动有趣的语言有效地表达自己思想的能力。他没有必要通过罗列财富清单的形式向人展示自己有多成功。事实上，只要他一开口说话，财富就会源源而来。他的表达能力就是他最大的财富。

卡耐基成功信条

■ 如果你想使自己成为一个令人愉悦的人，你就必须想方设法了解与你对话者的生活，并且用他们最感兴趣的内容来打动他们。

■ 要想成为一个优秀的谈话者，你必须自然而不造作，活泼而不轻浮，富于同情心而不惺惺作态。你必须从你的心底流露出一种善良的意愿。

卡耐基成功金钥匙

口才是人际沟通交流的重要工具，练就一流的口才，将使你在人际交往中如鱼得水、左右逢源。良好的口才是人走向成功的捷径之一。培养口才，你会收获巨大。

练就关照他人而不做作的功夫

■ 察言观色，投其所好

人们更喜好被取悦，而不是被激怒；更喜欢听到褒奖，而不是被对方恶言相向；更乐意被喜爱，而不是被憎恨。因此，仔细地加以观察，我们就能投其所好，避其所恶。

举个浅显的例子来说，告诉对方你特意为他准备了他所喜爱的酒，或者是说知道他不喜欢那个人，所以今天没叫他来。如此若无其事的呵护，必能打动对方的心，他一定深为你能注意其生活细节而感激不尽。反之，若是明知是对方讨厌的事物，你却又在不经意间触犯了禁忌，对方必然会认为你当他是傻瓜，故意藐视他，以至于永远耿耿于怀。尽管是件小事，但却有可能从此中断你与他的关系。因此，如果连细枝末节你都能特别地加以留意，必能让对方愈发对你感激不尽。

■ 不露痕迹关照他人的技巧

在你的记忆中是否有过因他人对你细致的照料而欣喜异常的体验？要记住，这种行为，能使人类特有的虚荣心获得相当程度的满足。由于有人如此取悦于你，从此，你有可能会倒向此人。无论此人对你做了些什么，你都认为对方乃是出于好意。人类便是如此。

为此，我给你以下几点提示：

1. 称赞对方希望被称赞的事物

如果特别喜欢某人，或者特别想成为某人的知交，可以探查此人的优缺点，称赞此人希望被称赞的地方。人类都有真正优秀的部分，以及希望被他人认定为优秀的部分。一个人优秀的部分被赞赏，着实能让他高兴；但是，若称赞他希望被称赞的部分，必然更能令他高兴。这才是真正地搔到痒处。

任何人都有渴望被他人褒奖的欲望。要想发现此一部分，观察乃是最好的方法。仔细注意观察此人喜爱的话题。通常，自己想要被称赞、希望被认定为优秀的部分，往往会出现在其最常见的话题里，这里便是要害。只要突破其防线，就能一举制胜。

2. 偶尔的佯装实属必要

请别误会，我并非教你使用卑鄙谄媚的手段来操纵他人。你当然不必连人们的缺点、坏事都加以称赞，而且也不应该称赞。我认为，这些是我们应该憎厌、能断言不好的事。不过，请想想，如果我们不能对人类的缺点及肤浅幼稚的虚荣心佯装不知的话，又如何能在这个世界上立足呢？

谁都希望别人认为自己比实际来得聪明、美丽，这种想法并不会伤害任何人。如果你告诉这些人这种想法太幼稚、太不正确了，对方必然与你疏离，视你为仇敌。若是我，我宁愿采取取悦对方的手段，尽量恭维对方，与其成为朋友。若是对方有优点，你就该迅速地赠予赞词。然而，有时也不得不面对自己并不十分赞同但却为社会所认同的事，此时只好睁一只眼闭一只眼了。

如果你还不太善于赞扬别人，这是因为你还不甚了解人们是多么希望自己的想法及喜好能获得支持，特别是期望明明是错误的想法及自己的小缺点能得到他人的谅解与认同。

3. 背地里称赞最令人高兴

为了使对方高兴，你可以在褒奖办法上略施技巧，那就是在背地里夸赞对方。当然，若你只是在暗地里称赞对方而他却一无所知，那就一点儿意义也没有了。你要想办法将你的夸赞通过巧妙的方式确实地传达到对方的耳朵里。这里，慎选传达讯息的人选最重要。你所挑选的人最好是通过传递此讯息也能获益的人。如果你选有此企图的人做信使，他不仅会确实地传达你的讯息，还有可能添油加醋，更增效果。对他人的称赞，以此种方法最具功效。

卡耐基成功信条

■ 仔细观察，投其所好，避其所恶。

■ 在你的记忆中是否有过因他人对你细致的照料而欣喜异常的体验？要记住，这种行为，能使人类特有的虚荣获得相当程度的满足。

■ 谁都希望别人认为自己比实际来得聪明、美丽，这种想法并不会伤害任何人。

卡耐基成功金钥匙

要想使自己的关照让别人乐意接受，你必须充分了解他的需要。在背地里不落痕迹地赞美他人，是获得好感的重要方法。

> > > > >

第四部

呵护婚姻　携手幸福

第一章　使家庭生活更快乐的原则

婚姻是幸福的源泉

■ 婚姻——人类情感的避风港

"爱与被爱都是世界上最美好、最幸福的感觉。"19 世纪俄国最伟大的作家托尔斯泰曾这样说过。

霍尔姆斯说："美是伟大的，但是衣物、房子和家具之美仅仅是用于衬托家庭之爱的装饰，即使把世界上所有华丽的东西堆积起来都比不上一个美好的家庭。因此，我将对自己的家庭更多地付出我的真爱，哪怕一点点，也胜过很多的家具和世界上所有的设计师能够提供的最华丽的物品。"

杰勒米·泰勒则说："步入婚姻的殿堂比单身生活使人更有安全感，尽管两人生活不一定更舒适，但它确实更令人感到安全。婚姻可能使你更快乐，也可能使你更感悲伤；婚姻可能使生活有更多的欢乐，也可能使生活有更多的痛苦；婚姻会使你背负更重的担子，但是同样会以爱和宽厚的力量来支撑你。无论如何，婚姻仍然令人感到非常愉快。同样，婚姻也是人类之母，使人类延续，使国家强大。"

一位思想家曾说过，女人是来自于天堂的珍贵礼物，带着连无所不能的上帝都无法给予的伟大的爱，她会净化、抚慰和照亮我们的家庭、社会和国家。很少有人能意识到女人的这些价值，除非那个人的母亲与他共同生活了相当长的时间，或是因为发生了一些重大的人生变故。当他连续失意遭到所有人的抛弃时，他的妻子仍坚定地站在他的身边，使他重新树立起对生活的全新信念，这时他才会明白。

稳固的婚姻，使男女之间建立了一种在两性之间无法用其他方式建立的情感和兴趣的联系。

拉法耶特将军在美国时，认识了两个年轻人。"你结婚了吗？"拉法耶特将军问其中一个。"是的，长官。"这位年轻人回答说。"你是个幸福的男人。"拉法耶特将军说。随后，他用同样的问题问了另一个年轻人，得到的回答是："我还是一个单身汉。""多么不幸的家伙啊！"将军说。这就是对婚姻问题的最好评论。

对于一个由于对婚后生活心存顾虑而逃避婚姻的男人来说，他事实上是由于对微不足道的烦恼的恐惧，而与一生的幸福擦肩而过。这种人和那些为了免除鸡眼带来的疼痛而将整个脚或手切除并且还沾沾自喜的人不相上下。

有一些男人从来没有结婚，而且按通常的标准来衡量，他们的生活是成功的。但是，那些了解他们或者详细阅读过他们资料的人会感到，这样的人生尽管成功却算不上完整。

"'家'这个词包含着许多内容，"一位诗人说，"它可以唤醒我们心中最美好的情感。不仅仅给予你'家'的亲人们会使你感到亲切，而且从小居住地周围的小山、岩石、小溪也会使你迷恋。弹起悠扬的竖琴，唱起'家，甜蜜的家'，这是多么自然而然的感觉。"饱含感情的路德在谈及他的妻子时说："只要和她在一起，即便再怎么清贫，我也甘之如饴；如果失去她的话，万贯家财对我也毫无意义。"

家庭是社会的细胞，是幸福的温床、神圣的乐园。很多人把家庭当成自己成功的动力，事实确实如此。如果一个人有一个幸福美满的家庭，那么他在自己的工作上也容易取得很大的成就；反之，如果他整天困扰于家庭纠纷之中，就很难把工作做得出色。人人都需要并追求一个幸福的家庭，以爱情为基础的婚姻是家庭幸福的基础，美满的家庭能使人享受天伦之乐。

家庭的建立以婚姻为前提。婚姻是男女两性之间的一种特殊社会关系，家庭既体现着以两性关系为特征的社会关系，又体现着以血缘关系为特征的社会关系。婚姻是家庭赖以存在的前提，家庭是婚姻的必然结果。

无论社会怎样发展，家庭作为人类情感的避风港这个职能在当今社会越来越受到重视。高质量的家庭——以爱为基础的幸福美满的家庭——是当今社会人们的共同奋斗目标。

■ 幸福的家庭需要用心经营

家庭是幸福的源泉，但它又不是静止的，而是变动的，它是随着社会的发展而变化的。当今，世界上科学技术的巨大进步和生产力的发展、社会的深刻变革给家庭这座亘古以来便给人以慰藉的快乐宫殿带来了巨大的冲击：离婚率上升、少年犯罪增多、代沟裂痕扩大、未婚同居、家庭暴力等现象越来越严重。这些使人们不由得想到这样的问题：什么样的家庭才算美满幸福的家庭？如何才能得到一个美满幸福的家庭？探讨这些问题，必须与社会的变化对家庭的影响相联系。

首先，家庭幸福需要相互了解。

要幸福，就要了解别人，要认识到别人不会和你完全相同。他不可能和你一样思考，他所喜欢的东西不一定就是你所喜欢的东西。当你认识到这一点时，你更易于发展积极的心态，更易于做一些事情，使得别人能做出称心的反应。

磁铁相反的两极互相吸引，而具备相反性格特点的人们也是这样。一个有进取心、乐观、有雄心、有信心，并且具有巨大的内驱力、能力和毅力的人，与一个易满足、胆怯、害羞、机智和谦逊，还可能缺少自信心的人在一起时，经常会互相吸引，互相补充、加强和完善。他们联合以后，便可融合他们的性格，这样，每个人的缺点也就互相抵消了。

同样，父母和子女之间也应当通过互相了解增进沟通。家庭中许多不幸正是因为孩子们不了解、不尊重他们的父母所造成的。但这是谁的过失呢？是孩子的，还是父母的？或者是双方的？

不久以前，在一次培训课结束之后，我曾和一位大企业的总裁单独作了一次交谈。这位大企业家因为工作卓越，大名曾出现在美国各大报显要的版面上。但是，在我见到他的那一天，他却满脸忧愁、无精打采，事业上的风光并不能掩盖他生活中的失败。"没有人喜欢我！甚至我的孩子们也恨我！这是为何呢？"他问道。

实际上，他是一个心地善良的人。他给了孩子们金钱所可能买到的所有东西，为他们创造了安逸的生活。但是，他灭绝了孩子们奋斗的必要性，让他们不再像他过去那样必须进行奋斗。当他的儿女还是孩子的时候，他从未要求或盼望他们尊重他，而他也从未得到过尊重。然而他确定，孩子们了解他，并不必再努力去探索。

事情本来会与此迥然不同，假如他真的教育孩子们要尊重人，并且至少部分地依靠艰苦奋斗，依靠自己的力量安排自己的生活。他给了孩子们幸福，却没有教育他们使别人幸福，从而使自己更幸福。假如在他们成长的时候，他就信任他们，并且告诉他们，为了他们的利益，自己曾历尽坎坷，或许他们早就更加了解他了。

可是，这位企业家，或者和他处在同样境况中的任何人，没有必要依然处在不愉快中。他能把他积极的心态那一面翻过来，尽力使自己为他亲爱的人所熟悉和了解。

假如他能表明他热爱孩子的方式是同他们分享他自己的优点，而不是只给他们提供那些物质的东西；假如他能同他们自由地分享他的优点，正像分享他的金钱一样，他就会体验到孩子们由于爱和了解所回报的丰富报酬。

其次，用语言浇开幸福之花。

无论你是谁，你都能够是一个绝妙的人！但是某些个别的人可能不这样想。假如你觉得他们对于你所说的话、所做的事反应不当，并含有不应有的对立，你对这事就要采取一些措施。他们，正与你一样，也是通情达理的。

别人对你做出的令人不愉快的反应，可能是因为你所说的话以及你说这些话的方式或态度不当。话音经常能反映说话人的语气、态度和心中潜在的思想。你要认识到过失在于你，这可能是困难的，当你认识到过失确实在于你时，你要采取主动，改正错误，这或许是同样困难的——可是你能做到这一点。

假如别人说的话或者说话的方式使你的感情受到了伤害，那就很可能是因为你自己说了什么错话或者说话的方式不对而冒犯了别人。断定你的感情受到伤害的真正原因，你才能避免别人做出同样的反应。

假如你发觉某人对你说话的声调和态度不大喜欢，你就应该避免使用这样的声调和态度，以免冒犯别人。

假如某人用一种发怒的声音向你叫喊而使你感觉十分不快，你就要想到假如你用那种声音对别人叫喊，也会使别人感到不快——即便他是你五岁的儿子，或者很亲密的亲戚。

假如一个人误解了你的好意，你就该表明你的真心，以消除误会。假如你喜欢受到称赞，假如你喜欢人家记住你，假如你得悉某人在怀念你，你就会觉得愉快。你应该确信：假如你称赞别人，或者写一封短信，让他们了解你在想念他们，他们一定也会很高兴的。

第三，利用书信增进幸福。

彼此分离的人，假如常有书信往来，反而会觉得更亲密。有许多分居两地的人之所以举行了婚礼，就是因为在分别之后，他们的爱情通过书信反而变得更深厚的缘故。

通过书信交流，双方能够增强理解。每个人都能在信件中表达自己真正的内心思想。表达爱情的信件不必也不应当因结婚而中止。马克·吐温天天都给他的妻子写情书，甚至当他们都在家的时候也是如此。他们在一起过着非常幸福的生活。

你要写信，就一定要思考，把你的思想提炼在纸上。你能够借助回忆过去、分析现在和展望将来发展你的想象力。你越是常写信，就越对写信感兴趣。你写信时最好采用提问的方式，这样，易使收信人给你回信。当他回信的时候，他就成了作者，你就能够体验到收信人的欢乐。

你的收信人是依据你的思路进行思考的。假如你的信是经过周详考虑写下的，它就能使收信人的理智和情绪沿着你指引的路径前进。收信人读你的信时，信中令人鼓舞的思想就被记录在他的下意识中，并将不可磨灭地深印在他的记忆里。

第四，乐在知足。

有一位作家写过一篇文章，它的标题是《满足》。我觉得它可能会给你带来一定的启发，下面是我对其中一些精辟见解的摘录：

全世界最富有的人住在"幸福谷"。

他富有历久不衰的人生理想，富有他所不能失去的东西，这些东西可以给他提供满足、健康、宁静的心情和内心的谐和。

以下是他的财产清单，它们本身明确了他是怎样获得这些财产的：

我获得幸福的办法就是帮助别人获得幸福。

我获得健康的办法就是生活有节制，我只吃维持我的身体健康所必需的食物。

我不怨恨任何人，不嫉妒任何人，而是热爱和尊敬全人类。

我从事我所喜爱的劳动，我还把游戏与劳动相结合，所以我很少感到疲劳。我每天祈祷，不是为了更多的财富，而是为了更多的智慧，用以认识、利用、享受我已经拥有的诸多财富。

我不使用辱骂的语言。我不要求所有人的恩赐，只要求我有权把我的幸事分享给那些需要帮助的人。

我和我良心的关系良好，所以它总是指导我正确处理一切事情。我所拥有的物质财富多于我的需要，因为我清除了贪婪之心。

我的财富取自分享了我的幸事而受益的那些人。

我所拥有的"幸福谷"的资产当然是不能课税的。它主要以无形财富的形式存在于我的心里，这种财富无法估计价值，也不能被占用，除去那些能接受我的生活方式的人。我用了一生的时间，尽力观察自然的规律，形成了遵循自然规律的习惯，因而创造了这种财产。

"幸福谷"中的人的成功信条是没有版权的，这些信条也可以给你带来智慧、宁静和满足。

宾斯托克在他的著作《信任的力量》中谈到幸福的问题时说："人类是一起诞生的，整个人类原是一个整体。正是人类所形成的世界把人类分开了。……假如人类有了信任的力量，就可让人类重新聚集到一起——信任他自己，信任他的同胞，信任他的命运，信任他的上帝。那时，仅在那时，人类才能真正成为一个整体。那时，仅在那时，人类才能找到幸福和宁静。"

卡耐基成功信条

■ 步入婚姻的殿堂比单身生活更有安全感，尽管两个人生活不一定更舒适，但它确实更令人感到安全。

■ 最伟大的英雄行径，都成于四壁之内和家庭的隐秘当中。

卡耐基成功金钥匙

婚姻是男女之间的一种特殊社会关系，是家庭赖以生存的前提。美满、稳定的婚姻是夫妻双方幸福的源泉。如果夫妻二人拥有一个幸福美满的家庭，那么他们不仅生活得快乐，而且在事业上也能取得更大的成就。美好的婚姻需要双方用心营造，只有这样，他们才能浇开幸福之花，创造温馨的家庭乐园。

对婚姻的忠告

■ 婚姻建立在双方坦诚相待的基础上

西奥多·帕克先生结婚时，夫妇两人进行了结婚旅行。在新婚期间，帕克先生列出了一些有用的建议来解决婚姻中可能出现的问题和矛盾：

第一，除非有特殊的理由，否则决不要违背妻子的意愿；

第二，按照妻子的意愿，相互履行义务；

第三，从来不要责备妻子；

第四，从来不要轻视妻子；

第五，从来不因为妻子的要求而抱怨；

第六，鼓励妻子柔顺的品质；

第七，分担妻子的压力和负担；

第八，宽恕妻子的缺点；

第九，永远珍爱妻子，保护妻子；

第十，记住，永远为妻子祈福，这样上帝就会为我们赐福。

帕克为自己列出的这些建议就像犹太教的十诫一样，都可以理解为一个字——爱。爱在犹太人的教义里无处不在，而爱也贯穿于整个婚姻过程中。

萨克雷对他的儿子说："在所有的事情中，最为重要的就是找一个快乐的妻子，我亲爱的孩子。"

要想有一个幸福快乐的家，夫妻两个必须志趣相投，有共同的追求。如果丈夫是一个粗俗不堪的男人，而妻子是一个很有教养的女人，他们在一起就不会有多少欢乐可言。

约翰逊博士说："在男女恋爱期间，双方竭力掩盖自己的弱点，常常会成为他们相互了解的障碍。他们通过刻意的顺从和有意地伪装，掩饰他们本来的样子和真实的欲望。从他们开始恋爱起，他们就常常在对方面前戴着面具，但后来一旦有些东西被揭穿，两个人便都会觉得有理由怀疑对方发生了变化。如果发生一次严重的争吵或者冲突，就容易导致两人劳燕分飞、各奔东西。"

对未来的新郎和新娘，我想说："要互相坦诚，保持平和的心态，在热恋的时候就应该把缺点和不足暴露给对方。如果在婚前隐瞒的话，婚后一旦发现对方的性格或条件存在某些缺陷，就会对婚姻生活产生很大的负面影响。坦诚一些总比隐瞒要好得多，因为缺点和不足与优点一样，终归会在婚姻生活中显现出来。自然一些，一开始就表现出你的本色！"

■ 将爱贯穿于整个婚姻过程中

从某种程度上讲，年轻人应该从实用的角度看待婚姻。一个好的妻子是一大笔财富，她以一种优雅的方式使你拥有比以前多得多的东西。为了使你更加精力充沛、迅捷高效地工作，她会表现出你所需要的品格。譬如，她会在你发达的智力中注入一些情感因素，而这些情感因素是使智力更好地发挥作用所不可或缺的。获得真理，需要心和脑的协同联合。我们不能断言，男人是天生冷酷的无情无义之人。我们同样也不认为，女人可以被想象成没有任何头脑的感情用事者。心灵和大脑、情感与理智在各自发挥作用的方面同样宝贵。

卡耐基成功信条

■ 要互相坦诚，保持平和的心态，在热恋的时候就应该把缺点和不足暴露给对方。

■ 从某种程度上讲，年轻人应该从实用的角度看待婚姻。

卡耐基成功金钥匙

爱情是两颗心相互碰撞的结晶，幸福的婚姻建立在双方的相互尊重、体贴、宽容的基础之上。如果一方以自我为中心，挑剔、责备、抱怨对方，不能容忍对方的缺点，最终必会伤害对方，导致家庭破裂。卡耐基认为，只有尊重、宽容对方，不断关爱对方，才能使爱情保持新鲜的活力和旺盛的生命力，使婚姻牢不可破、永葆青春。

每天增进爱情的深度

■ 爱需要不断升温

"小孩子觉得没有人爱他，这是少年犯罪的主要原因之一。"纽约市少年家庭董事会秘书、社会工作专家艾西尔·H.怀特先生在社会工作讨论会上说了这样的话。

我和我妻子发觉这种说法是正确的，我们曾经在俄克拉荷马州艾尔·雷诺的联邦少年感化院，对少年犯们讲授有关人际关系的课程。

渴望爱心，似乎是所有这些不幸的孩子们的普遍问题。有个少年说，他的母亲从不给他回信，后来他写信告诉他母亲，说他正在上一些课，这些课程使他觉得已经把自己的外貌改变得比以前好多了。不久他母亲写信给他，说，她认为没有东西能够对他有好处——监狱是最适合他去的地方。

另一个 19 岁男孩汤米，他的生命里有十年以上的时间是在孤儿院和感化院度过的。他说："我们最需要的，就是有人来爱我们，但是从来就没有人爱我或要我。我在 16 岁以前，没有得到过一件圣诞礼物。"

毫无疑问，这些忍受着情感缺乏的孩子们，常常会开始犯罪，以补偿这种基本的缺陷——就像一个饿昏了的人，当他找不到食物的时候，他也会吃下对身体有害的杂物的。

爱是一种最适当的食粮，我们的精神靠着它生存和成长。如果没有爱情，我们的道德心就会弯曲变质。

"一个普通人所能说的最正确的话就是，"心理学家高登·W·沃尔波特说，"他从来不会觉得，他的爱或是别人给他的爱已经使他满足了。"

真的，爱在人类社会里的潜力，就如同原子能那样大。爱情能够产生，而且的确每天都产生了奇迹。你给你丈夫的爱，是他成功的基本因素——因为，如果你真心爱他，你就会心甘情愿地尽你所能去做每一件事，使他快乐或成功。

你给了你丈夫哪一种爱情，也会影响到子女的幸福。保罗·柏派诺博士是美国家庭关系协会会长，他在全国教师家长联谊会上讲演时说："教师家长联谊会，如果愿意在年会里完全不谈小孩子的事情，而讨论如何使丈夫和妻子更加相爱，也许对小孩子的幸福会有更大的贡献呢。"

■ 提升爱情深度的五个技巧

那么，我们怎样做才能提升爱情的深度呢？以下有一些特殊的建议：

1. 每天都要表现出爱心

最可悲的事情，就是在事情过了以后才发觉自己曾经享受过人生最珍贵的东西。

许多女人碰到危机的时候，都能够高明地应付自如，可是，很可悲地，她却很少带给丈夫最渴望的每天的爱情面包。假使丈夫失业、患上结核病或是被关进监狱时，这位女士都能够像直布罗陀海峡的岩石那样坚强，不断地帮助丈夫；而当生活正常平稳地进行的时候，妻子就忘了告诉她的丈夫，他在她的心目中是何等重要。

大部分的女人相信，她们是应该被爱护并听人讲些甜言蜜语的，因而有些女人常会抱怨自己的丈夫忽略她们、不知道赞扬她们，所以往往也就吝于对丈夫赞赏示爱。她们十分挑剔，经常批评丈夫的错误：她们的丈夫从来就不赞美她们，或注意她们身上所穿的衣服，或是给她们任何在外表看得出来的爱的表示。但是，这些女人对待她们丈夫的态度也是同样冷淡的。然后，她们才感觉奇怪，为什么自己的丈夫会追求那些懂得称赞他们英俊、雄伟、健壮的迷人的女人。爱情的饥渴并不是女性专有的一种疾病，男人也会患这种病的。

曾经有人把夫妻间对爱情的冷淡叫作"精神食粮不足"，这是一个很恰当的比喻。因为，男人不是只靠面包就活得下去的，有时候，他也需要一块爱的蛋糕——还要在上面加一点糖霜。

2. 培养一种好心情——把事情看开一点

有责任心的妻子，常常会患有一种完美主义者的毛病——孩子们的行为总是要管教好；晚餐要做得美味可口；家里要一尘不染。完美主义者常常过分注重细节，而忽略了重要的大事。事情发生的时候，要以好的心情去接受，不要把小事搅得天翻地覆，这样就可增强夫妇间的爱情。

3. 要有宽大的胸怀

没有其他的事情，能够像互相深爱的人结婚那么迷人。爱情就是给予，要给得丰富而慷慨。有些妻子愿意在许多事情上做出牺牲，但是却常常在许多小地方上缺乏精神上的慷慨，例如，嫉妒丈夫从前的女朋友。

如果你的丈夫无意间提及他今天碰见了一个过去的女友，而如果你问他，那个女孩子是不是还扎着辫子说着不成熟的话，那你就太吝啬、太不够慷慨了。你应该赞美她的优点。

4. 对于每一件小事都要表示谢意

男人在结婚以后，带妻子到戏院过了一个愉快的晚上，送给妻子一束紫罗兰，甚至只是每天早晨倒个垃圾，他也是很希望听到妻子的道谢的。如果他所做的每件事情，妻子都视为理所当然而不加致谢，无疑地，这个丈夫就会停止取悦他的妻子。

我们之中有些人，不知道丈夫每天为我们做了多少小服务，这只是因为我们习惯于让丈夫为我们做这些工作。一位妻子曾经认为她丈夫没有帮过她什么忙。她说要他去弄杯水来喝，也是个大工程。他不会换小孩子的尿布，或是弄紧一只漏水的水龙头。然而，有个夏天他到欧洲去了，她才很惊讶地发现，他每天都为她做了许多的琐事——她却没有向他说过一声谢谢，现在她必须自己去做那些事了。

5. 要互相谅解和体贴

当丈夫想要换上拖鞋休息一会儿的时候，我们却穿好衣服想要出门，这是不行的。具有深挚爱心的妻子，应该先了解丈夫每天在外面工作后的需要，然后才盘算自己的需要。

上面说的这些，是不是就像许多妻子所做的没有报酬的努力？妻子在一生中慷慨地奉献给丈夫的爱情，难道丈夫会不知道感谢吗？

丈夫会感谢的！我就看过一个十全十美的妻子，得到了丈夫的敬爱。安格斯先生所说的话，也是为其他许许多多幸福的丈夫们说的："很可能因为我娶了这个女子，所以我才比大部分的男人更加幸福。我所能给她的最大赞赏就是对她说，如果我能够回到 32 年前，而且了解我现在了解的事情，我仍然愿意再和她结婚——只要她愿意再嫁给我！我所获得的任何成功，都直接来自于这位可爱的妻子的陪伴。"

如果没有爱情，成功又有什么意义呢？缺乏爱情，财富和权势也就等于废物和灰烬了。如果你的丈夫从你深挚的爱情里得到了安心和幸福，那么，他带给你更高的生活水准的机会也就大大地增加了。

卡耐基成功信条

■　如果没有爱情，成功又有什么意义呢？缺乏爱情，财富和权势也就等于废物和灰烬了。

■　爱情是一种最适当的食粮，我们的精神靠着它生存和成长。如果没有爱情，我们的道德心就会弯曲变质。

■ 爱情在人类社会里的潜力，就像原子能那样大。爱情能够产生，而且的确每天都产生了奇迹。

卡耐基成功金钥匙

爱情之花需要不断地用心培育、浇灌，才不会枯萎。在漫长的婚姻生活中，如果双方过于关注自我和事业，爱情就会降温，家庭就会缺乏生气。因此，双方要时常给爱情输送新鲜的血液，比如在结婚纪念日送对方一份礼物，情人节送爱人一束鲜花，时不时地赞美对方几句。这些都会增进爱情的深度，增添家庭生活的情趣，从而让双方都享受到甜蜜爱情的乐趣。

不要干涉对方的自由

■ 一桩不为人看好的婚姻

英国著名首相狄斯雷利曾说："在我们的一生当中，我们会做出许多蠢事，可我从来没有想过为爱情而结婚。"

他确实是这么做的。在他 35 岁以前，他一直过着逍遥自在的单身汉生活，后来才向一个比他大 15 岁的有钱寡妇求婚。他是出于爱情吗？不，不是。这位寡妇知道狄斯雷利不爱她，而且也知道他是为了她的财产而娶她的。所以，她提出一个要求，就是要狄斯雷利再等她一年，以便她有机会考察他的人品。一年后，他们结婚了。

这听起来就是一个很俗气的故事，甚至像是一场商业味十足的交易。可让人费解的是，在身边到处充斥着支离破碎、污浊不堪的婚姻中，这桩不为人看好的婚姻却因为双方的真爱，被人们称之为美满婚姻的成功典范之一。

■ 恩爱夫妻

狄斯雷利选择的这位有钱寡妇玛丽，比他大了足足 15 岁，也就是说当狄斯雷利 35 岁向她求婚时，她已经 50 岁了。她显然不具备年龄优势，也没有美丽动人的容貌，聪明的头脑也与她丝毫不沾边；她的知识也很贫乏，对文学、历史基本没什么了解，经常在谈话中漏洞百出；她的审美观也十分古怪，她对家庭装饰的品位让人实在难以恭维。但是，在如何处理婚姻生活中的最重要的问题——如何与男性相处方面，她却是一个天才，一个真正的天才。

玛丽从未想过在智慧上与狄斯雷利争个高低，她从不让自己的意见与丈夫相对。当狄斯雷利每天应付完议院那些机智精明的元老们，回到家里已是精疲力竭，可他妻子玛丽说的每一句家常话却都能让他如沐春风。家成了狄斯雷利求得一刻安宁远离政坛明枪暗箭的港湾，而且他还可以沉浸在妻子宠爱的温馨之中。他对这个家越来越喜欢、越来越依恋。他最快乐的时光，就是和年长于他的妻子在家中共处的时间。妻子不仅仅是他的伴侣，还是他的亲信，是他的顾问。每天，狄斯雷利从办公室回家后，都会将这一天发生的事告诉玛丽。而最关键的就是，无论狄斯雷利做什么事情，玛丽永远都不会相信他会失败。

狄斯雷利是幸运的，在他与玛丽 30 年的婚姻生活中，他的妻子只为他一个人而活。她甚至认为自己所有的财产，其全部价值只在于能让丈夫生活得更加舒适。而狄斯雷利给她的回报则是，玛丽成了他的女神。后来玛丽去世后，狄斯雷利被维多利亚女王封为伯爵。而在狄斯雷利还是平民的时候，他就已经陈情恳求女王晋封玛丽为贵族，并在 1868 年由女王为玛丽授衔，封为比根菲尔德女子爵。

■ 爱她，就让她自由地生活

无论玛丽在公共场合表现得多么愚蠢笨拙，狄斯雷利从来都不会批评她，他从未在玛丽面前说过一句责怪她的话。如果有人嘲笑玛丽，狄斯雷利就会立即站出来，与对方激烈地辩论。

玛丽不是十全十美的女人，可 30 年来，她总是不知疲倦地谈论她的丈夫，而且总是在赞赏他、夸奖他。这换来的是狄斯雷利的一句话："在我们结婚的 30 年里，她从来没有让我感到厌烦过。"这应该是一个丈夫对妻子的最高评价了吧！而对狄斯雷利而言，他经常毫不避讳地说玛丽是他一生中最重要的人。玛丽对此的回应是："我很感谢他对我的恩爱，使我的生活成了一长串永不结束的快乐。"

狄斯雷利夫妻之间常会开玩笑。有一次，狄斯雷利说："你知道的，不管怎样，我都只是为了你的钱才和你结婚的。"玛丽笑着回敬："确实是这样。不过，如果你再向我求婚的话，一定是因为爱我。"狄斯雷利笑着承认玛丽说的完全正确。

玛丽并不是一个十全十美的女人，她的缺点非常明显，可狄斯雷利非常聪明，让她随心所欲地做她想做的事，保持她原有的本色。

正如亨利·詹姆斯所说："和别人相处时要学习的第一课，就是不要干涉别人原有的寻找快乐的特殊方式，如果这些方式并没有严重妨碍到我们的话。"或者像另一个作家利兰·伍德在他的作品中写的那样："婚姻的成功，绝不仅仅是找到一个好的配偶，你自己也要成为一个好的配偶。"

所以，如果你想要获得幸福美满的婚姻生活，请记住这项规则：如果你爱他，就让他自由地生活，不要根据你的意愿干涉他的自由。

卡耐基成功信条

■ 和别人相处时要学习的第一课，就是不要干涉别人原有的寻找快乐的特殊方式，如果这些方式并没有严重妨碍到我们的话。

■ 婚姻的成功，绝不仅仅是找到一个好的配偶，你自己也要成为一个好的配偶。

■ 如果你爱他，就让他自由地生活，不要根据你的意愿干涉他的自由。

卡耐基成功金钥匙

卡耐基语重心长地告诉我们：爱他，就让他自由地生活。纵然已成夫妻，双方仍需要尊重个别差异，让对方有自己独立自由的空间去呼吸。不要试图去干涉爱人的个性自由，要知道，理解和尊重是爱情的基础，包容与体贴是婚姻的必要条件。千里姻缘一线牵，两人既然因缘而遇、因缘而合，这是命运的安排。许多人认为失去的才是最珍贵的，那么得到的何必让他失去呢？所以，爱他，就给他自由！

真心欣赏对方

■ 愤怒的农妇

我在一张剪报集上看到这样一个有趣的故事。凭我的经验，我肯定它从来就没发生过，可是它其中蕴涵了一个真理。

有一个农妇，每天起床后就面临无休止的繁重劳动，一直要忙到晚上睡觉的时候才能休息。第二天起来后又是前一天的重复，如此周而复始。但从来没有一个人夸奖她的劳动。终于有一次，她干完一天的工作后，抱了一大捆干草，堆在那些等着吃饭的男工人面前。男人们生气了，问她是不是发了疯。她的回答是："哦！我怎么知道你们会注意到这些？我给你们这些男人做了二十几年的饭，在这么长的时间里，我可从来没有听到你们说过一句话，好让我知道你们吃的不是草！"

而在沙皇俄国时代，莫斯科和圣彼得堡的那些上层贵族们，在这方面就表现得很有教养。他们有一种习惯，当他们去别人家做客，在享受了一顿美味可口的饭菜后，一定会请主人把厨师叫到餐厅里，当面褒奖他们。

为什么不用同样的方法对待你的妻子呢？就像一个专栏作家说的那样，"好好捧一捧那个小女人"。下次，当她把一盘鸡烧得鲜滑可口时，你大可以告诉她，她的手艺是多么出众，把这菜做得这么好，你吃得非常高兴。这样她就知道你很欣赏她的厨艺，而你不是在吃草。

当你这样做时，不妨让你妻子知道，她在你的幸福快乐中占着何等重要的地位。狄斯雷利是英国最负盛名的伟大政治家，可是，我们都知道，即使面对全世界的人，他也会毫不犹豫地承认："我非常感激我家里的那个小女人。"

■ 赞赏爱美的女人

对于女人在追求美丽上所花的时间和心思，男人应该表示赞赏，比如赞美她们的面部化妆是多么亮丽夺目，赞美她们的时装是多么品位不俗。作为丈夫，更不能忘记这一点。女人是非常在意自己的衣着打扮的，尽管几乎所有的男人都知道，可他们仍常常会忘记这一点。不妨仔细观察一下，假如你和你的妻子、女友或女同事一起走在大街上，迎面遇到另一个男人和一个女人，这时你会发现，你的女伴通常很少会注意对面那个男人，而是把目光集中在对面那个女人的衣着服饰上。

我还可以拿我那去世的老祖母的例子来说明：几年前，我那98岁的老祖母离开了人世。在她去世前不久，我们把一张她在三十多年前照的一张相片拿给她看。尽管她的眼睛已经看不清楚照片，可她提出的唯一问题是："那时候我穿的是什么衣服？"请想想，一个风烛残年的耄耋老人，久病卧床，记忆力已经衰退到连自己的女儿都不认识，可是她还在关心自己在三十多年前穿的是什么衣服！老祖母问这个问题时，我就在她的床边，这件事给我留下了不可磨灭的、极深的印象。

男人们不会记得自己五年前穿的是什么衣服，他们也没有这个心思去记这些事。可我们男人一定要注意到，这对女人来说可就完全不同了。浪漫的法国男人在这方面就做得很好，他们总是在不停地夸赞女人们的衣服、帽子、皮鞋、手袋。既然将近5000万的法国男人都在这么做，这其中肯定是有道理的。

■ 明星的幸福婚姻

有一天，我翻看杂志时，看到一篇好莱坞著名影星埃迪·康特的采访实录。上面是这样写的："在全世界所有的人中，我太太对我的帮助最多。当我还是个孩子的时候，她就是我最好的朋友，帮助我、鼓励我努力进取、勇往直前。我们结婚后，她省下每一个美元，拿去投资、再投资，替我积累了一大笔资产。现在我们有五个可爱的孩子，她为我建造了一个温暖甜蜜的家。如果说我有些成就的话，那完全要归功于我的太太。"

在好莱坞，婚姻是一件冒险的事，甚至于全世界最有名的伦敦罗艾得保险公司，也不敢承接明星们的婚姻保险。但是，在那些明星里还是不乏幸福美满婚姻的，华纳·巴克斯特夫妇就是其中的一对。

巴克斯特夫人在婚前曾是一名大红大紫的青年演员，突然，她放弃了她极有前途的舞台事业，告别了艺术表演，和巴克斯特结了婚。可是她的牺牲并没有影响到他们的婚姻幸福。

巴克斯特说："她虽然失去了舞台上如潮的掌声和赞美，但是现在我随时随地在她的身旁，使她随时可以听到我对她发自内心的赞美。如果一个女人想要从丈夫身上得到幸福和快乐，丈夫就一定要给妻子出自他的真心的赞美和真诚的热爱，而他也会从中得到爱与幸福。"

你明白了吧！

所以，如果你想要获得幸福美满的婚姻家庭生活，使你的家庭保持快乐，请一定记住这项规则：真诚地赞美你的爱人。

卡耐基成功信条

■　无论是男人还是女人，都渴望得到赞赏和热爱。如果你能够对你的爱人表示衷心的赞赏和热爱，你就会得到幸福和快乐。

■　对于女人在追求美丽上所花的时间和心思，男人应该表示赞赏。作为丈夫，更不应该忘记这一点。

■　"好好地捧一捧那个小女人"，并告诉你妻子，让她知道在你的幸福快乐中她占着何等重要的地位。

卡耐基成功金钥匙

卡耐基认为，美满的婚姻生活离不开对爱人的真诚赞美。赞美，是送给爱人的最好的礼物，是浇灌爱情之树的甘泉。每一个有责任心、懂感情的人都不会忘记时时热情地赞美自己的爱人，那不需要华丽的辞藻，只需要一颗真诚体贴的心。夫妻间的彼此欣赏不仅是爱情发生的源泉，也是维系爱情、增进情趣、制造和谐家庭氛围的有效因素。学会赞美并不难，从观察开始，到简单的一句话甚至只是一个赞许的眼神，都可以产生巨大的力量。因此，在婚姻生活中，我们一定都要记住：给娇艳的鲜花浇水，给身边的爱人称赞。

殷勤而不要失礼

■ 和谐婚姻的秘诀

瓦特·达姆鲁斯和詹姆斯·布赖恩的女儿结婚已经好几年了（詹姆斯·布赖恩是美国最伟大的演说家之一，曾经是总统候选人），他们的生活一直都很幸福愉快。其实从数年前，他们在安德鲁·卡耐基的家里相识那一刻起，这种生活就已经开始了。

他们相处融洽的秘诀是什么？

达姆鲁斯夫人说："首先，我们俩都非常谨慎小心地选择自己的伴侣；其次，我们结婚后仍然非常注意彼此的礼貌。我想告诉各位年轻的妻子们，对待自己的丈夫不妨就像对待一位陌生人那样温婉有礼。任何一个男人都会害怕自己的妻子是个蛮横的泼妇。"

每个人都知道，粗暴和蛮不讲理是毁灭爱情的恶魔。可是我们对待自己的亲人，有时确实不如对待陌生人那样有礼貌，这是很明显的。

我们绝不至于插嘴打断陌生人的谈话，说："老天！你又在说那些陈腔滥调的老故事了！"我们也绝对不会在未经许可的情况下就拆阅人家的信件。同时，我们也不会随意窥探他人的私密。可是，我们对最亲近的家人呢？只要我们发现他们犯了一丁点儿小过错，就会公然斥责羞辱他们。

现在我可以引用多罗茜·迪克斯女士的话："对我们说出那些刻薄难听、伤害感情的话的人，差不多竟然都是我们自己的家人。这非常令人震惊，可这是千真万确的事实。"

■ 礼貌与婚姻

亨利·莱斯诺说："礼貌是一种内在的品质，它可以使人忽略花园大门的破旧，而专心注意到园里的鲜花。"

礼貌在我们的婚姻生活中，就像发动机离不开机油一样。

《早餐桌上的独裁者》一书广受读者喜爱，可这本书的作者奥利弗·赫姆斯在家却从不是一个独裁者。事实上，赫姆斯对家里人从来都是体贴入微、关怀备至的。即使他心里有不愉快的事，也一定尽量把自己的烦恼掩藏起来，不让家里的人知道。

赫姆斯能做到这一点，可是一般人又是怎样做的呢？在办公室里处理工做出了一点儿差错、没有谈成一笔业务、被老板臭骂了一顿、工作任务太繁重……这些压力实在太多太烦了，使我们还没到家就想着如何把在外面受的气撒到家人头上了。

荷兰人有一个习惯：人们进屋子前，都先把鞋子脱在门外。我们也可以学学荷兰人的这个做法，每天回家进门前，把一天所遇到的不如意的事都扔到门外，然后再进去。

威廉·詹姆斯在《人类的某种盲目》里写道："人类的盲目，就是不知道动物和人的感情有什么区别。这种盲目使我们深受其苦。"

没错，"这种盲目使我们深受其苦"。许多男人绝对不会对自己的客户或者是合作伙伴大吼大叫，可他们却会毫不考虑地向他们的妻子厉声呵斥。如果为了个人幸福着想，他们应该知道，婚姻远比他们的事业更重要。

■ 怎样获得美满婚姻

一个获得美满婚姻的人，远比一个孤独的天才更为幸福、快乐。俄罗斯伟大的小说家屠格涅夫广受赞誉，可是他也说："假如在某个地方，有一个女人在关心我是否可以早点儿回家吃晚饭的话，我宁愿为此放弃我所有的天才和我的著作。" 那么，获得幸福婚姻的机会，究竟有多少呢？迪克斯女士曾说过，她认为50%以上的婚姻都是不成功的。可是鲍比诺的意见却完全相反，他说："男人在婚姻上得到成功的机会，比他从事任何行业获得成功的机会都大得多。所有开杂货店的男人，失败的机会要占

70%，可是步入婚姻殿堂的男女，有 70% 是成功的。"

关于婚姻的问题，迪克斯女士这样解释说："如果与婚姻相比，出生只不过是人生短暂的一小幕，至于死亡，那更不是一件重要的事了。

"女人永远也无法弄明白，为什么她的丈夫不愿意像追求事业成功那样，致力于把他的家庭营造为一个幸福的乐园，其实两者所需花费的时间和精力是相同的。

"虽然对大部分男人来说，娶到一个满意的妻子、拥有一个美满的家庭，这些都比获得千百万财富还重要。可是，很少有人会认真思考或付出真诚的努力，以期获得他们婚姻的成功。这样的人在一百个男人里找不出一个来。他们把一生最重要的事情交给了命运，他们的成败也就只能听天安排。女人也永远不明白，为什么她们的丈夫在她们身上不运用一点儿在外面常用的外交手腕，以平息那些本来可以化解的矛盾与冲突。

"每个男人都知道，只要让他的妻子高兴，他可以任意差遣她干任何事，而且她会不顾一切地去做好。他也知道，如果称赞妻子几句，说她是能干的主妇，她就会更努力地尽她的本分，力争做得更完美。他还知道，如果告诉妻子当她穿上去年那套衣服是多么美丽动人，她绝对会打消今年再订购一套巴黎时装的念头。每个男人都知道，他们可以把妻子的眼睛吻得闭起来，直到她像蝙蝠那样什么都看不见而温柔地依附于他。

"每一个妻子都知道她丈夫明白这一切，因为她早就将这些都明明白白地告诉了他，只要他照着去做就行了。可是，她却不知道，应该是热爱他，还是应该讨厌他。因为他宁可跟妻子争吵拌嘴，然后花钱替她买新衣服、新车、珠宝，却不愿意对她说一句奉承她的话，不愿意按她所希望的方式去满足她、对待她。"

所以，如果要保持你家庭的美满、快乐，则对你的家人同样要有礼貌。

卡耐基成功信条

■　对待自己的丈夫不妨就像对待一位陌生人那样温婉有礼。任何一个男人都会害怕自己的妻子是个蛮横的泼妇。

■　礼貌在我们的婚姻生活中，就像发动机离不开机油一样。

■　礼貌是一种内在的品质，它可以使人忽略花园大门的破旧，而专心注意到园里的鲜花。

■　他们把一生最重要的事情交给了命运，他们的成败也就只能听天安排。

■　只要让你的妻子感到高兴，她就可以为你做任何事，并且会不顾一切地去做好。

卡耐基成功金钥匙

卡耐基认为，维持和谐婚姻生活的基础就是礼貌。夫妻之间的相互尊重是获得幸福婚姻的基本条件，尊敬则是爱的基本元素。没有尊敬，爱就不成其为爱，剩下的只是情欲而已。礼貌是夫妻正常生活的必然规律，婚姻的道路一定会有起伏顺逆的时候，只有互相敬重才能使婚姻得到保障。因此，必须在生活中有礼貌，不能因为夫妻互相熟悉而忽略。试想，没有相敬如宾，哪来的举案齐眉、琴瑟和鸣？又如何能白头偕老？

第二章　写给将为或已为人妻的女子

前面总是有目标

■ 亚历山大夫妇的生活追求

尼克·亚历山大最渴望达到的目标是上大学。他在孤儿院长大——那是一种老式的孤儿院，孤儿们从早上五点工作到日落，伙食既差又不够。

尼克是一个聪明的小孩——太聪明了，因此14岁就从中学毕业了。接着，他步入社会开始谋生。

他所能找到的工作，是在一家裁缝店里操作一架缝纫机。14年来，他一直在那种环境下工作。接着，那家裁缝店加入了工会。他的工资提高了，工作时间也缩短了。

尼克·亚历山大幸运地娶了一个女孩，她愿意帮助他实现上大学的梦想。但事情可不容易。在他们结婚之后没多久，也就是1931年，裁缝店里开始裁员，于是他们这对年轻的夫妇决定自己去闯天下。他们把存款聚集在一起，开了一家"亚历山大房地产公司"。尼克的太太特丽莎甚至把订婚戒指也卖掉了，以便增加他们那笔小小的资本。

在两年之内，他们生意兴隆，于是特丽莎坚持让尼克去上大学。他在36岁的时候，得到了学位——这是他人生道路上所抵达的第一个里程碑。

尼克又回到房地产事业，成为他太太的生意伙伴。他们又有了一个新目标——海边的一幢房子。终于，他们也实现了这个梦想。

他们这对夫妇就这样坐下来轻松轻松吗？呵，没有。他们有一个小孩要接受教育。如果他们能把他们商业大楼的分期付款缴清，把大楼变成公寓出租，收入的租金就能付他们孩子的大学费用了。因为一心一意要达到这个目标，他们终于做到了。

亚历山大太太说他们目前正在为他们的退休保险金努力。现在尼克单独主持事业，特丽莎则照顾自己的家。

亚历山大夫妇过着一种忙碌、幸福、成功的生活，因为他们面前总是有一个目标，这使他们的努力有一个方向。他们已发现萧伯纳这句话的真理："我喜欢不断地进步，目标永远在前面，而不是在后面。"

■ 与丈夫一起，不断追求新的目标

许多人一辈子迷迷糊糊，因为他们没有真正的目标。他们只活在一度空间，过一天算一天。那些从人生中收获最多的人，都是警觉性高、积极等待着机会、机会一到马上就看出来的人。他们都有一个确定的目标。

在长期的计划上，最好是把每五年划分为一个阶段。你可以这么计划："在五年之内，吉姆就可以拿到他的大学文凭，准备好升迁；在十年内，他就可以升为小主管了。"

安·海渥德引用一位顾客所说的话："我希望我丈夫永远不会感到自我满足而停滞下来。我们结婚五年了，每一年都有一个目标。首先，是他的学位，接着是进修课程，然后是一年的自由撰稿工作，现在是他自己的事业。等到他告诉我他的钱够了、教育够了、经验够了，我就知道蜜月已经结束了。"

一个目标达到之后，马上立下另一个目标，这是成功的人生模式。因此，我们要跟自己的丈夫合作，不断地追求新的目标。

卡耐基成功信条

■ 目标永远在前面，而不是后面。

■ 一个目标达到之后，马上立下另一个目标，这是成功的人生模式。

卡耐基成功金钥匙

一个家庭如果失去了进取的动力，长年维持在一种状态，就会缺乏生气和活力，跟不上时代的步伐。已婚的妻子应该与丈夫一起，相互激励、相互促进，在生活、学习、事业上不断地向更高的目标迈进，这样才能摘取丰硕的果实，铸造成功的人生。

做丈夫最忠实的听众

■ 比尔·琼斯的一念之差

1950 年 12 月，一个叫作比尔·琼斯的人，在芝加哥从五楼楼顶上跳了下来。他跳楼的原因是忧虑和害怕。他那曾经很兴盛的事业遭到了危机，因为他扩展得太快——债权人正在催逼他——他的许多支票在银行里都无法兑现了。最糟的是，他觉得他不能和他的太太一起承担这些灾祸。他的太太一直都以他的成功为荣，他没有勇气告诉她这些事，因为他害怕这些事会使她从幸福掉进羞耻和绝望的深渊中。

比尔·琼斯的困境使他走上了他自己仓库的屋顶。他迟疑了一下，然后跳了下去。他跌下五层楼，穿过底楼窗上的遮阳篷而掉落在人行道上。从地心引力和常识来判断，他是死定了。但是，使人不敢相信的是，他受到的最大伤害只是摔破了大拇指的指甲。最可笑的是，他所穿破的遮阳篷是他唯一一件完全付清款项的东西。

比尔·琼斯意识清楚起来，发觉自己还活着时他感到很兴奋。和这个奇迹比起来，他从前的麻烦现在看来没有一件是重要的了。五分钟以前，他还觉得他的生命是一种毫无用处的污秽，现在他因为活着而感到激动。他赶忙回家把整个事情说给他太太听。他太太似乎慌乱了一会儿——但只是因为他从前没有把他的麻烦告诉他太太而已。她开始坐下来想办法为他解决困难。好几个月来，比尔·琼斯第一次放松心情作一些正确而有用的思考。

现在，比尔·琼斯在稳定的发展下有了成功的事业，不再有他没法付的欠债了。更重要的是，他已经学会如何和他的太太一起分享困难，就像一起分享胜利那样。然而，比尔·琼斯也极可能只是因为不知道自己的太太也能为了和他一起渡过难关而差点丧失了自己的生命。

比尔·琼斯的故事告诉我们，如果丈夫不信任自己的太太，不能完全算是太太的错误。有些男人，譬如以前的比尔·琼斯，对于用事业上的忧虑来麻烦自己的太太有个错误的看法。他们想带给太太所有美好的东西，想成为把成功的事业和上等的毛皮大衣带回家的大男人。当事情不顺利的时候，他们就想办法瞒住自己的太太，以免她们的小脑袋里装满害怕与不安。他们耻于承认自己是会被征服的。他们从没有想到，不管好坏也应该与他们的太太一同来解决这些难题。

■ 男人需要妻子倾听他的情感宣泄

可是更常看到的是，一些男人们很想把他们的困扰说给太太听，但是太太们却不想或是不知道如何去听。

1961 年秋天，《福星》杂志刊出了一篇对公司员工的妻子所做的调查报告。他们引述一位心理学家的话说："一个男人的妻子所能做的一件最重要的事情，就是让她的先生把他在办公室里无法发泄的苦恼都说给她听。"

能够尽到这个职责的妻子，被描述为"安定剂"、"共鸣板"、"哭墙"和"加油站"。

这个调查研究也指出，男人要的是主动、灵活地听讲，他们通常不想听劝告。

任何一个曾经在外面工作过的女人都可以了解到，如果家里有个人可以谈谈这一天所发生的事情，不管是好的或坏的，都是很值得安慰的。在办公室里，我们常常没有机会对发生的事情发表意见。如果我们的事情特别顺利，我们也不能在那儿开怀高歌；而如果我们碰到了困难，我们的同事也不想听这些麻烦事——他们已经有太多自己的困扰了。结果，当我们回到家，我们觉得自己必须大声地发泄一番。

然而，最常发生的事情是这样的：比尔回家，有点上气不接下气地说道："老天，梅白儿，这真是个伟大的日子！我被叫进董事会里去告诉他们我所做的那份区域报告。他们要我把建议说出来，而且……"

"真的吗？"梅白儿说着，一点儿也不用心的样子，"那真好，亲爱的。吃点酱肉吧。我有没有告诉过你那个早上来修理火炉的人？他说有些地方需要换新了。你吃过饭后去看一下好不好？"

"当然好，梅白儿。噢，像我刚才说的，老索洛克蒙顿要我向董事会说明我的建议。起初我有一点儿紧张，但是我终于发觉我引起他们的注意了，甚至连毕林斯都很感动，他说……"

梅白儿说："我常认为他们并不够了解你、重视你。比尔，你必须和老幺谈一谈他的成绩单。这学期他的成绩太糟了，他的老师说如果他肯用功的话，一定可以念得更好。我已经没有办法劝他了。"

到了这个时候，比尔发觉他在这场争夺发言权的战争中已经失败了，于是他只好把他的得意和酱牛肉一起吞到肚子里，然后完成有关火炉和老幺成绩单的任务。

难道梅白儿自私得只希望她的问题有人听就好了吗？不是的，她和比尔同样都有找个听众的基本需要，但是她把时间搞错了。其实她只要全心全意地听完比尔在董事会里所出的风头，比尔就会在自己的情绪发泄完了以后，很乐意地听她大谈家事了。

善于听讲的女人，不仅能够给自己的丈夫最大的安慰和宽心，同时也使自己拥有了无法估计的社会资产。一个文静的女人对别人的谈话着了迷，她所提出的问题显示她已经把谈话中的每个字都消化掉了，这种女孩子最容易在社会上获得成功——不只是在她先生的男友群里成功，而且也会在她自己的女友群里成功。

■ 如何成为丈夫最忠实的听众

以机智而闻名的杜狄·摩尼，把一个懂礼貌的男人描述成"当他自己最清楚了解的事情被一个完全不懂的门外汉说得天花乱坠时，他仍旧很有兴趣地听着"。大部分的女人也都适合于这个描述。

怎样才能成为一个真正的"好听众"？要成为一个好听众，至少要符合下列三个条件：

1. 使用眼睛、脸孔、整个身体——而不只是耳朵

专心的意思是每一种功能的集中。如果我们真正热心地听别人说话，我们就会在他说话时看着他，我们会稍微向前倾着身子，我们脸部的表情会有反应。

玛乔丽·威尔森是魅力的权威，她说："如果听众没有什么反应，很少有人能够把话讲得好。所以当一句话打动了你的心，你就应该动一下身体；当一个主意适时地感动你的时候——就像你心里的一根弦被震动了——你就该稍微改变一下坐姿。"

如果我们想要成为好听众，就必须做得好像我们很感兴趣——我们必须训练我们的身体机敏地表达。

注意那只在老鼠洞外等待着老鼠的猫——如果你想要知道如何才能有表情地听讲的话。

2. 擅长诱导性问话

什么是诱导性的问题？诱导性问题是，在发问中灵巧地暗示发问人内心已有的一个特殊答案。直截了当的问题有时候显得粗鲁无礼，但是诱导性的问题可以刺激谈话，并且继续推动话题。

"你如何处理劳工和主管的问题？"是个直截了当的问法。"史密斯先生，你难道不觉得，让劳工和主管在某些范围里获得相互的妥协是很有可能的吗？"则是诱导性的问法。

诱导性的问话，是任何一个想要成为好听众的人都必须具备的技巧。如果要聆听丈夫的谈话，而且不直接提出他不想要的劝告，诱导性的问话就是一个不会失败的技巧。我们只要像这样发问："你认为，亲爱的，做更大的广告可能会增加你的销路，或者将是一种冒险？"提出问题并不是真的在给他劝告，但是这种问法常常会得到相同的结果。

当我们碰到陌生人时，正确的发问方法是克服羞怯或打破要命的沉闷的最妙工具。当人们开始谈到自己的想法，而不谈天气、棒球或某某人的疾病时，人们就会说得忘我了。一个想法可以引导出另一个想法。

3．永远，永远不可泄露秘密

有些男人从来不和他们的妻子讨论事业问题的一个原因是，这些男人无法相信他们的太太不会把这些事情泄露给她的朋友或美发师。他们讲给自己太太听的每一件事情，都从她们的耳朵进去而又从她们的嘴巴出来。"约翰希望在维吉先生退休以后，马上得到公司里的经理职位。"这是在桥牌桌上随便说出口的话，但是第二天就有人打电话给约翰对手的太太了。于是约翰就在完全不知道原因和实情的情况下，被暗中排掉了。

我访问过的一个总经理告诉我，他在家里谈论公司里的问题，竟也会流传得使他的职员丧失信心。"我很厌恶在超级市场或鸡尾酒会里大谈公司的业务。那些女人真是太多嘴了！"他轻蔑地说道。

甚至还有一些女人会利用丈夫的信任，在以后的争论中拿出来打垮他。"你自己亲口告诉过我，你只因为一纸契约而买下了那些过量而不必要的剩余物品。而现在你说我浪费太多钱去买衣服。难道只有我奢侈？哈！"

像这样的场面发生几次，这位女士就不会再受到她先生的骚扰了。她先生将会发现一个事实——自己只不过是在给妻子一些打倒自己的话柄而已。

成为一个好的听众的最佳条件是：妻子不必以为只有了解先生工作的细节，才能使他得到满足。如果她的先生是个绘图员，他就不会希望他太太了解如何画蓝图。

当他工作的时候，她对于发生在他身上的事情要有同情心、有兴趣，而且要提高注意力。

真的，一对敏感而受过训练的耳朵，将会使女人更加可爱，使她有一张比特洛伊城的海伦还要美丽的脸孔，而且也会为她的丈夫带来更多好处。

再重申一下，以下就是可以帮助你成为好听众的三个条件：

1．用脸部表情和身体姿势来表达注意力；

2．学习问些智慧的问题；

3．永远不要泄露秘密。

卡耐基成功信条

■ 一对敏感而善解人意的耳朵，比一对会说话的眼睛更使一个女人讨人喜欢。

■ 一个男人的妻子所能做的一件最重要的事情，就是让她的丈夫把他在办公室里无法发泄的苦恼都说给她听。

卡耐基成功金钥匙

卡耐基认为，妻子不仅要与丈夫一道分享成功和欢乐，也要与丈夫分享失败和痛楚。当男人事业遭受挫折，或遇到不顺心的事回到家中向妻子倾诉时，妻子应该放下手中的活计，做丈夫最忠实的听众，同时积极提出有效的建议，帮助丈夫渡过难关。

不要干预他的工作

■ 妻子的干预会扼杀丈夫的前程

在最近的一次晚宴上，我坐在全美最早设立的某家公司工业关系部经理的旁边。我问他，太太们要怎么做才能帮助她们的丈夫成功。

"我相信，"这位经理说，"有两件最重要的事情，可以使妻子帮助丈夫获得事业上的成功。第一件事是爱他，第二件事是让他独自去闯。一个可爱的妻子，将会带给她的丈夫愉快和舒服的家庭生活。而如果她聪明得能够让自己的丈夫不受干扰地处理业务，她的丈夫就一定能发挥出全部的能力而获得成功。"

他继续解释说，这个不干预的政策，可以直接应用于妻子和丈夫工作的关系，以及妻子和丈夫业务伙伴的关系。

"妻子常常会严厉地干扰丈夫的工作，"他告诉我"有些妻子喜欢劝告、干预和影响自己的丈夫，去反对和他一起工作的人，或是抱怨丈夫的薪水、工作时间和责任，把自己当作丈夫经营事业的非正式顾问。这种妻子常常扼杀了丈夫的成功，很少有其他的事情会有如此的严重性。"

许多新娘子都做美梦，想要机灵地帮助自己的梦中王子爬上经理的宝座。她们计划出一些策略；她们提出许多暗示和建议；她们试探、尝试，并且和丈夫的同事培养友谊。但通常，她们的计策使得自己的丈夫丢掉了工作，而不是升上一级。

我曾经看过这种事。有一次，我工作的小公司里请了一位经理。他很聪敏，看来很适合这个职位。令人迷惑的是，他接任新工作以后，他的妻子竟然一直干预着他。每天早上，她都和她先生一起到办公室，记下她先生的话，交给打字小姐，而且还变更她先生的整个工作系统。这不是我捏造的——这是真正发生过的事。

办公室的工作氛围被破坏了。有位女孩子辞职，其余的人也都在观望着时机的变化。在这位新经理到任刚刚三个礼拜以后，他被叫到大办公室去，他们礼貌而肯定地告诉他，不能再留他了。他走了——带着他的太太一起走了。

太过分了吗？也许是的，但是有许多人都因为更轻微的原因就被解雇了。妻子的干预即使有着最好的动机，也都是一件危险的事——这比大多数人所知道的事实都更加严重。

最近有个朋友告诉我，他公司里一位最受器重的经理在服务多年以后被迫辞职了，因为他的妻子坚持要干预他的业务。她设计了许多秘密计划，用来对抗公司里的其他几位经理，因为她认为他们是她丈夫的敌手。她在这些经理的太太之中挑拨一些麻烦事件，她开始有计划地散布谣言，攻击他们。她的丈夫没有办法控制她暗中的活动，只好做了他所能做的唯一一件事：他辞掉了他相当引以为荣的工作。

■ 必须杜绝的十大干预

如果你是相信幕后操纵力的女孩子，我将告诉你操纵丈夫更简单的方法。下面列出了十种方法，你可以依照指示扯你丈夫的后腿，把他从阶梯上拉下来，使他爬不上去。如果依照以下的指示去做，你无法不使你的丈夫失业，而且也会使他变得精神崩溃。

1. 对他的女秘书恶言恶语，尤其是对那些既年轻又漂亮的，随时利用机会提醒她，她只是佣人而已。虽然她并不把你的丈夫当成是值得追求的、镀金的天才，但是你也不能放过她。失掉一个好的女秘书，对一个有事业心的男人来说固然是个很大的打击，但是如果她辞职了，也不必担心，你的丈夫还可以用一架记录机。

2. 每天多打几次电话给你的丈夫。告诉他你做家事所碰到的困难，问他中午和谁一起吃饭，不要忘了开给他一大堆东西的单子，要他在回家的路上买回来。发薪水那天，不要忘了到办公室去找他。他的同事将会马上发觉，在家里谁才是一家之主。这样，他对于自己工作的注意力，就会像圣维达斯之舞里那只蚱蜢那样低了。

3. 和其他的太太制造一些摩擦。这种情况是不会终止的，因为那些太太们没有一个是好人。你可以散播一些有趣的闲言闲语，说说老板曾经怎样谈过她的丈夫，以及你的丈夫对她的丈夫看法如何。再过不久，整个办公室就会分裂成许多派系，而你的目的马上就会达到了。

4. 告诉他，他的工作太多、薪水太少，而且办公室里没有人看重他。不多久，他就会开始相信你的话，而他的工作将会变成你说的那样。然后他会去找适合他的工作。

5. 不断地告诉他，他应该如何改善工作，如何增加销售以及如何奉承自己的上司，摆出坐在摇椅上的总经理的态度。毕竟，他只是在办公室里办办公而已，你才是真正的战略家和策划人。

6. 举行豪华的舞会，花费大笔钞票，过着超过收入的生活，好像你的先生已经成功了那样。你将骗不了任何人，但是你却可以享受到许多乐趣，只要你继续这样做。

7. 组织好你自己家里的秘密警察计划，长期侦查你丈夫和他的女主顾、办公室助理以及同事太太们之间的问题。女士们为了工作必须留下来，而男士们为了避免和她们过多地来往，只能在男士的房间里工作，这种事在你看起来是毫无意义的。你早就知道那些女孩子，个个都是喜欢勾引男人的野女人。

8. 每当你有机会向丈夫的老板眉目传情的时候，你就尽量使出女性的魅力吧。如果在你的努力以后老板还没有开除你丈夫的意思，老板的太太也会特地为你的先生找个新上司，让你再试试你的计策。

9. 在公司举办的宴会上，你不妨多喝一些酒，表现表现你是个多么风趣的人。说一些你丈夫在度假时如何玩闹，以及他穿着好像要跳波尔卡舞的睡裤上床的事。这些有趣的小事，将会带给宴会上的人群许多笑料。你将会变成宴会上最出风头的人物——拿你的丈夫来寻开心，你将有说不完的资料来发表你丈夫的趣事。

10. 每当你的丈夫必须加班，或者是出差办公的时候，你就哭着向他抱怨和唠叨，让他知道你才是最重要的，你最值得照料而且应该受到照料，其他任何代价都可以牺牲。

如果你想要使用一流的手腕毁掉你丈夫升职的机会，你就依着上述的十条规则去做吧。结果是，他将失去他的工作，而你将失去你的丈夫。

卡耐基成功信条

■ 很多太太自以为是丈夫工作上的顾问，可是她们的计策往往是使丈夫失业，而不是升职。

■ 妻子的干预即使有着最好的动机，也是一件危险的事。

卡耐基成功金钥匙

卡耐基认为，愚蠢的太太干预丈夫的工作，聪明的太太支持丈夫的工作。一位妻子如果对她丈夫的工作指三道四、横加干涉，就会使丈夫心烦意乱，不能全身心投入工作，乃至因此失去工作，从而影响家庭生活。妻子如果想让丈夫获得成功，就应放开丈夫的手脚，让他随心所欲地工作。

你可以使他了不起

■ 聪明的妻子使平凡的丈夫成为社交高手

Ｐ·Ｔ·巴南自称是"欺骗大王"——他以愚弄大众而出名。有一次他大肆宣传他有一匹头尾倒生的怪马，每人收费两角五分，吸引了一大群观众前去观看。这头怪物其实只不过是一只普通的马，它的尾巴绑在马槽这头，倒退着走进马厩里。

又有一次，巴南很成功地怂恿一群头脑简单的家伙去看"一只樱桃色的猫"。这只猫是黑色的，但是，巴南却解释说，有些樱桃也是黑色的。

已故的弗朗兹·齐格菲曾经是一位出色的艺人。他不用怪物吸引观众，但他自称可以使女孩子变得漂亮，能够使任何一位身材美好、仪态高雅的女士在使用了他的设备后变成迷人的美女。在演出的晚上，他总是送一捧花朵给剧场里的每一位表演女郎。他如此使女士们觉得漂亮——她们受到如同美女一般的对待，自然就会焕发出光彩。

如果表演人员能够用普通的猫和马吸引大家，或是把一个女孩变成维纳斯，也许，聪明的太太就可以用她的方法，使她的丈夫受到大家的普遍喜爱。

妻子很少有机会在工作业务上帮助丈夫，但是她只要尽力，就能使丈夫在社交上受到重视。

社交接触常常会产生出有价值的商业伙伴，因为大部分人都最喜欢和朋友合作共事，而不喜欢和陌生人在一起。不管他是卖贝壳、鞋带或保险，还是开飞机或是主持一家大公司，一个人只要受到别人的喜爱，就会得到更多益处。

■ 使丈夫受人欢迎的三个秘诀

我们怎样做才能帮助丈夫结交朋友，并且受到大家普遍喜爱呢？以下有三个方法：

1. 我们可以使丈夫受人喜爱

"几年前的一个晚上，我丈夫和我到后台去探访牛仔歌星吉尼·奥特利，那时候他正在艾逊广场花园唱歌。在演出休息时，我们正要和吉尼以及他的美国太太伊娜一起去吃晚餐，可是，有一群年轻小伙子在出口处把我们挡回来了，他们要吉尼的签名。晚餐的时间很短，但是吉尼很愉快地向年轻人打招呼，在他们的节目单上签名。

"我向奥特利太太看了一眼，以为她可能会因为这个耽搁感到懊恼。她看到了我眼神里的抱怨，就笑着说：'吉尼从不对任何人说不——尤其是年轻小伙子们。'"

伊娜·奥特利脱口而出的话，比起一大堆歌迷杂志和图书所介绍的语句更能表达出她丈夫的天性，这句话总结出了她丈夫和善、热心和亲切的优点。

吉尼·奥特利当然是受欢迎的。如果一个男人并不受人欢迎，他妻子的态度能够对他有所帮助吗？我想这是可以的。我认识一个女人，她的丈夫在社交上并不受欢迎，只是因为他的妻子有好的风度，大家才接纳他。这个男人傲慢自大、喜好争辩、缺乏耐心，但是，当他的太太把他不愉快的童年生活说给我听以后，我对他的厌恶感就转变成同情心了。他是个孤儿，从这个亲戚家被转送到那个亲戚家，没有人要，也没有人爱，一直受到轻视和压制。

知道这个原因以后，我就能理解他的行为了。虽然他的妻子无法使他受人喜爱，但是她至少有替他的缺点赢得同情心的耐性。

一个人如果想成功，就更需要一个善意的妻子，使他看起来很有人性和受欢迎。"你看他妻子注视他的眼神，就知道他的本性绝不会是这种坏蛋了。"这句话曾经把许多摇摇欲坠的公司主管从社交危机中解救出来。

2. 使丈夫展现出他的才华

有些女人以为，炫耀丈夫的方法，就是要炫耀自己。例如，如果可能的话，她们就想穿貂皮大衣来炫耀。聪明的女人知道使用其他更好的方法。

要使丈夫引起别人的兴趣和注意力，最简单的方法就是在自己家里举行宴会，安排丈夫表现他所拥有的任何特殊才华，如果这些才华能够使别人得到乐趣的话。每天待办的业务工作，使人很难有机会展现出压倒大众的才能——但是宴会却是最适合的时机。

加州格连载尔城有位亲切、聪敏的卡蒙隆·西普，他是个著名的舞台和银幕人物传记作家。卡蒙隆天生喜好和朋友交往。他的妻子卡莎琳经常在他们的院子里宴请朋友。在这儿，卡蒙隆可以用木炭烤架烤他最出名的牛排，并且在不做作的非正式场合之下说一些机智的笑话。

纽约的约瑟夫·福来斯是一位成功的小儿科医师，同时也是一位天才的业余魔术师。来到福来斯家里的宾客，常常会受招待观赏一场即兴的魔术表演。约瑟夫是表演明星，而他的妻子玛丽琳就充当助手——有时候他们的两个小儿子也帮忙和助阵。

这些有吸引力的男人，很幸运地拥有这种妻子——愿意隐藏自己，让社交场合里的注意力完全集中在她们丈夫身上。她们把自己压抑下来，使丈夫出尽风头。她们情愿扮演次要角色，这样就赢得了家庭的和谐。这比起他们两人同时要表现出各自的优点会更美满。

3. 改变话题，使丈夫表现出最大的优点

在业务上受人器重的人，到了社交场合就哑口无言了，这种事情是常会发生的。他没有谈天的经验，也不知道应该从何说起。一个机灵的妻子就是这种男人最好的朋友了，她能够很自然地引领自己的丈夫加入谈话，使丈夫毫无困难地接着说下去。"那使我想起了上个星期吉姆和一个顾客在一起谈的事。他告诉你什么呢，吉姆？"这是一招好棋，可以使吉姆很自然地说下去。

即使是世界上最害羞的人，如果谈起了他最感兴趣的事情，也不会再畏缩了。

有位年轻女士曾透露过，她如何使她的丈夫从一名男性"墙花"变成了一个喜爱参加宴会的人。"华尔特一向是个热心、受人喜爱的人，"她说道，"但是，只有他亲近的朋友才知道，他很少主动去认识新朋友。他的自我意识，使他看起来冷漠而毫不开心。我希望人们会喜欢和重视他。"

"提醒他注意到这种情况，只会使他更加难过而已。所以我想出了一个计划，要在他不知情的时候帮助他。不管我们到哪里去，我都想办法找个喜爱摄影的人。摄影是华尔特的嗜好，我把这个人介绍给华尔特，让他们成为按快门的好友。

"谈论互相醉心的嗜好，很容易地就能使华尔特忘记了他自己，他就能够表现出他真正的个性。逐渐地，当他想谈其他话题时，也会感到容易多了。

　　"我时常把他将要碰到的新朋友做个重点提示，使他有些谈话线索。'史密斯夫妇刚刚从波特兰搬到这儿，他做的是木材生意。'

　　"由于我做了这些小努力，华尔特的整个社交面貌都改变了。现在他很喜欢参加宴会、认识新朋友。家人们认为这是一个奇迹。当人们告诉我'你知道，你丈夫实在了不起'的时候，我觉得骄傲和快乐。"

卡耐基成功信条

■ 聪明的太太可以用她们的方法，使自己的丈夫受到大家的普遍喜爱。

卡耐基成功金钥匙

　　一个男人如果想获得成功，就更需要一个善意的妻子，使他看起来很有人性，从而受人欢迎。再能干的丈夫，都会存在缺点，聪明的太太可以用她们的方法，使自己的丈夫在大众场合隐去身上的缺点，展示出有魅力的一面，从而成为大家普遍喜爱的对象。

第五部

突破语言　征服人心

第一章　成功演讲的要素

提前做好充分的准备

■ 为什么要提前做好充分准备

有一位政府要员在纽约残疾人协会举办的一次慈善晚会上发表演讲，在座的宾客都热情地等待他的演讲开始，希望能从中了解到他所在部门的一些新情况。可是他并没有为此次晚会演讲做准备。

他开始想做一番即兴讲话，却不知道该说些什么。他又从上衣口袋里掏出一个小笔记本，可是里面的笔迹写得杂乱无章，就像一堆碎纸摆在面前。他手忙脚乱地在本子里翻来翻去，却找不到合适的内容，场面越发尴尬起来。

此刻，一秒钟对他来说比一年还要漫长，他越来越紧张，也越来越绝望，已经完全不知道该说些什么了。他只好端起一杯水来喝，故作镇定，一个劲儿地向听众们道歉，做着最后的努力，企图从笔记本里理出个头绪来。他端水的手已经在颤抖。

他的尴尬此时已经成了恐惧，因为他实在没做好准备，也实在找不到要说的东西。最后，他只好坐了下来。

这位要员的表现代表着一个最没面子的演讲者的形象，就像卢梭讽刺某些人写的情书那样——不知道怎么开始，也不知道如何结束。

■ 扔掉你的演讲稿

做好充分的准备绝不意味着把演讲词逐字逐句地背下来。很多演讲者为了避免到时忘词，就选择把演讲词逐字逐句地背下来。可这样不但浪费了时间去做准备，而且极有可能毁了整个演讲。

美国资深新闻评论家卡特波恩还在哈佛大学读书的时候，曾参加过一次演讲比赛。当时，他选了一个短篇故事作为演讲内容，他把演讲词逐字逐句地背了下来，然后还模拟试讲了几百次。一切似乎都准备妥当，就等比赛了。可到了比赛那天，他上台后，刚把演讲题目说出来，脑子里就一片空白，不知道下面该说什么了。

他当时的反应用他事后的话来形容就是"我差点儿晕厥过去"。在绝望之余，他只好尝试着用自己的语言来继续演讲下面的内容。最后他居然得到了这次比赛的第一名。当评委把奖杯颁发给他时，他简直不敢相信自己的眼睛。也就是从那天开始，卡特波恩再也没有背过演讲稿，而这也正是他后来在广播新闻事业上取得巨大成功的秘诀之一。而且他也再没写过演讲稿，只是对演讲或新闻评论内容做些简单的笔记，然后就非常轻松自然地对听众们讲话。

写好演讲稿后再背下来，这样非常浪费时间和精力，而且极容易出现失误。演讲其实就像我们平时和人说话一样，是很自然的事。我们不必去挖空心思推敲字眼，并随时都在思考该怎么说。当思路清晰时，语言就会像我们呼吸的空气一样，在不知不觉中滚滚而来。

英国首相温斯顿·丘吉尔正是通过这方面的一次教训才学到这一课的。他以前也常写演讲稿，然后把它背下来。但是有一次，他在英国国会上发表演讲时，突然思路中断。由于稿子是提前背下来的，此刻他一点儿都想不起说什么了，大脑一片空白。他感到尴尬极了，同时也觉得自己受到了羞辱。他只好将上一句话又重复了一遍，可还是什么也想不起来。他的脸立刻涨成了猪肝色，只好就此颓然坐下。从此以后，丘吉尔再也没有去背演讲稿了。

如果我们逐字逐句地把演讲词都背下来，在面对听众的时候，很容易因为现场的紧张气氛而忘词。而且，即使没有忘记，演讲起来也会因为照本宣科而显得非常呆板。因为这些都是背出来的东西，并没有发自我们的内心，只是出于记忆。像我们平时和人说话聊天的时候，我们总是一边想着要说的事，一边直接说出来，并不会特别留心词句。既然平时都是这样做的，为什么到了演讲的时候却要改变呢？如果非要背演讲词，那就很可能重蹈下面这位演讲者的覆辙，并闹出大笑话。

万斯·伯胥黎是世界上最大的保险公司之一——平衡人寿保险公司的副总裁。多年前，在他还是平衡人寿保险公司的推销员时，曾应邀在平衡人寿保险公司全美代表会议上发表演讲。来自全美的 2000 名平衡人寿保险公司代表参加了这次大会。当时的万斯尽管才入行两年，但他做得非常成功，所以他被安排发表 20 分钟的演讲。

万斯感到非常兴奋，因为这是一次提高自己身价的大好机会。可是，他犯了一个致命的错误——把演讲词写下来再去背。他对着镜子练习了数十次，对所有的细节都做了精心准备，每个词、每个句子、每个手势、每个表情，甚至连怎样上台和下台，他都做了设计。他认为自己一切都已经准备得天衣无缝、恰到好处了。

可是到了正式演讲那天，当他站到台上面对 2000 名听众时，他突然感到非常紧张。刚说出"我叫万斯·伯胥黎，我在本公司的职位是……"，他的脑子就一片空白了。

惊慌失措之中，他后退两步，想要再重新开始，可脑子里却还是空空如也。于是，他再后退两步，想再次调整好情绪后重新开始，可依然没用。当他第四次后退时，意外出现了。

那个讲台有 12 米高，后面没有栏杆，离墙只有 2 米远，所以他已经退无可退，于是从讲台上掉了下来，跌进了夹缝中。听众们立即哄堂大笑，有的人甚至笑得跌下椅子，滚到了走道上。

在平衡人寿保险公司出现如此滑稽的表演，万斯堪称"前无古人，后无来者"。更令人拍案叫绝的是，听众们还以为这是公司特别安排的助兴表演。直到现在，该公司的一些资深员工还在对万斯的演出津津乐道。

万斯的感受怎样呢？他对别人说："那是我一生中最丢脸的事。我觉得万分羞愧，并立即写了辞职信。可是我的上司说服了我，把辞职信撕掉，并帮助我重树了自信。在这次经历后，我成了公司数一数二的演讲高手。不过，我再也不背演讲稿了。"

其实，扔掉演讲稿或许会忘掉几点内容，说起来也有些散乱，但至少表现得更有人情味。林肯就说过："我不喜欢听枯燥乏味的演讲，我喜欢演讲者演讲时像在跟蜜蜂搏斗一样。"林肯的意思是，他喜欢听演讲者自由而随意地发挥，使演讲更激情澎湃。如果演讲者是背诵演讲稿的话，那他绝对不会表现得像在跟蜜蜂拼命一样。

■ 将内容具体化

有两个人同时参加演讲比赛，一个是获得哲学博士学位的大学教授，非常温文尔雅；另一个是走街串巷的小贩，以前曾在美国海军服役，为人豪爽而粗鲁。可是，大学教授演讲远远没有小贩能吸引人，这实在很奇怪。究其原因，原来，大学教授的演讲虽然有着丰富华丽的辞藻和优雅的台风，讲话也条理清楚，可是他缺少演讲中的一个非常重要的因素——内容的具体化。他的演讲目的不明确，太过空泛。而那位小贩则在这一点上胜出了。他一开口就能抓住问题的核心，内容具体且明确，还善于引用一些当下最流行的新潮语句，再加上军人背景熏陶出的男子气概，他的演讲理所当然地比大学教授的更受欢迎。

这个例子当然不能作为大学教授或小贩的典型代表，但它正好证明了一个道理：只有说话明确而具体的人，才会引起别人的兴趣和注意，这与受教育程度没有必然联系。

比如在说马丁·路德·金童年时代的故事时，你可以说他"既倔强又顽皮"。但如果你换一种说法，说马丁·路德·金曾承认自己小时候常被老师打手心，有时"一个上午竟达15次之多"，这样说是不是比"既倔强又顽皮"更有趣，也更吸引人？对听众来说，"既倔强又顽皮"只是几个干瘪的字眼，很难引起他们的注意，而如果说打了多少下手心，那听起来就具体多了。

又比如，很多传记作家会写约翰·图伊有着"穷苦但诚实的父母"，可有的作家则会这样写："图伊的父亲穷得买不起套鞋，只好在下雪时拿麻布袋包好鞋子，以使双脚能保持干燥暖和。尽管如此穷困，但他却不在牛奶里掺水，也绝不会把生病的马驹以次充好卖给别人。"这两种方法都是写约翰·图伊的父母"穷苦但诚实"的，但后一种方法岂不是比直接说出"穷苦但诚实"更形象更直白？

■ 确定演讲的题材范围

一旦选好演讲的主题，接下来就要确定演讲的范围，并且一定要把主题限定在这个范围之内。希望讲一个无所不包的话题显然是个妄想，而且绝对徒劳无益。

比如说，演讲规定时间只有五分钟，可是演讲者却选择了一个范围很大的话题，例如他要讲美国从独立到现在的历史，这岂不是痴人说梦？五分钟内，只怕他还没说到《独立宣言》的颁布就得下台了。一场演讲想要包含如此多的内容，当然只会失败，而且是不明不白的失败。我听过太多这样的演讲，都是因为题材范围不确定，导致所包含的内容和论点太多，从而无法吸引听众的注意力。为什么会这样？因为人们的注意力不可能一直集中于单调的事实上，谁也不会有兴趣听像一部世界历史年鉴一样的演讲。

即使是一个简单的题目，演讲者也不见得就能成功驾驭。比如说主题是旅行的见闻，大多数演讲者都会十分详细地介绍每个景点的特色，生怕遗漏半点儿东西。而听众虽然被引导着由这一点到那一点，可最后他们能够记住的只怕也屈指可数。而假如演讲者能把自己的话题局限在景点的某一个方面，比如那里的温泉或者动植物，那么这场演讲就会变得生动有趣多了。这样，你就有时间就这些细节多加介绍，将其栩栩如生地展现在听众面前了。

因此，在演讲开始前，必须先选择和限定好题材，把题目缩小至某一个范围，这样你的演讲就会生动而有趣。在时间不会很长的简短演讲中，我们只能期望说明一两个问题。就算给你三十分钟的时间，你要想同时说清楚四个或四个以上的主要概念，那也绝对不可能成功。

■ 要深入思考演讲的题材

要使演讲能给听众留下深刻印象，就必须在深入事实、挖掘内涵上下功夫。这就要求我们在确定好演讲范围之后，深入思考我们将要演讲的题材和内容。我们可以问自己一些跟演讲内容有关的问题，这样可以进一步加深我们对它的理解，也好准备得更充分一些，也更集中我们的注意力，使我们最终有资格站在讲台上。

演讲其实也是充满变数的。比如，由于前一位演讲者的观点，你很可能不得不当场改变自己的演讲重点；或者是在演讲结束之后，你需要回答听众们就你的演讲所提出的问题，有些听众极有可能是反对你演讲内容的观点的，你需要说服他。这些都要求演讲者必须对自己的演讲题材进行深入思考，多做积累，然后达到驾轻就熟，以便从容面对、应付自如。著名作家约翰·冈德就曾说过："我总是搜集比我需要的材料多十倍的资料，有时甚至达到上百倍。"有了更为详细的资料，自己手上的题材将更为丰富。你可以更加深入地思考自己的演讲内容，仔细琢磨如何使传达给听众的思想更精炼、更有说服力。

世界著名的演讲家诺尔曼·托马斯说："演讲者应该把自己和演讲的主题或内涵融为一体。他必须在大脑中反复思考，然后他就会惊讶地发现，无论是走在街上，还是在看报纸或者睡觉，他关于演讲的灵感都会如潮水一般汹涌。平庸的思考只能产生平庸的演讲，这完全是因为演讲者对题目认识不够深入和透彻。"

■ 用实例增加演讲的趣味性

《时代周刊》和《读者文摘》是全美销售量最大的两份杂志，它们如此受欢迎的原因就在于，它们的每一篇文章都充满了趣闻轶事，非常具有可读性。而在当众演讲中，要想吸引并驾驭观众的注意力，也应该向这两本杂志里的文章学习。

在演讲中用真实事例来支持论点，是一个非常好也非常有效的办法。这样可以使一个论点变得清晰而有趣，更具有说服力。一个好的演讲者总是善于同时应用几个例证来证明某一个论点。那么，在实际演讲中究竟应该怎么做呢？概括起来有六种方法：

1. 使演讲内容人性化

听众不会一直对你演讲的事情或观念本身感兴趣，这些空泛抽象的事物和概念很容易使他们产生厌烦心理。而如果你说的是与人有关的问题，肯定能引起他们的兴趣,因为没人喜欢听别人的说教,他们更愿意听你对人的分析,为什么这个人会成功? 而那个人却会失败? 这才是他们真正关心的话题。

2. 要体现个性化色彩

在演讲中假如涉及某个人时,一定要讲出他的名字。不过为了尊重隐私,最好杜撰一个假名。再普通平凡的名字也比"这个人"、"那位先生"更生动有趣。姓名的功能就在于证明和显现个体。试想,假如故事中的主角都无名无姓,那会是什么情况?

在你的演讲中使用了具体的名字或个人的代称,就具备了个性化这一可贵的要素,可以肯定,你的演讲将因此而增强吸引力。

3. 增加演讲的细节

众所周知,新闻报道必须具备五要素,即时间、地点、人物、事件以及原因。而在演讲中,演讲者为了使自己的演讲内容更吸引人,在例证自己的观点时同样也可以依照新闻五要素来添加一些细节。这样,他的举例便会详尽周到,使听众如临其境。但细节一定要简明扼要,防止过于冗长琐碎,否则那会比没有细节更糟糕。

4. 充分发挥对话的功效

不是每次演讲都需要在内容中增加对话,但是,我们应该看到,如果能在演讲的事例中加入日常生活中的对话,就会使演讲具有很强的戏剧性。而演讲者如果还能模仿一下说话人的声调、语气,那么演讲就更有效果了,演讲也会因此更真实可信。

5. 赋予演讲内容表演化效果

根据心理学家研究,人们85%以上的知识是通过视觉印象接收的,这也说明了为什么电视会成为广告和娱乐的主要媒介,而且收效非常好。当众演讲也一样,它不只是一门听觉艺术,还是一门视觉艺术。采用增加细节的方法来丰富演讲内容,最好的莫过于在其中加入表演的手段,听众通过视觉感受,对演讲的内容也就有了更直观的体会。

6. 用听众熟悉的语言演讲

演讲者的首要目标就是要牢牢抓住听众的注意力。可往往还有一个极重要的技巧不可被忽略,那就是使用听众熟悉的语言,使听众在大脑中形成图画般鲜明的景象。演讲者的语言如果含混不清、枯燥无味，听众就会打瞌睡。而如果你能使用观众熟悉的语言，把图画般鲜明的景象点缀在你的演讲中，你就能使听众感到快乐，你的演讲也就更有吸引力了。

■ 进行必要的试讲

当你的演讲准备工作到了一定程度的时候，试讲就是一个完全必要的步骤了。通过试讲的检验，可以保证你在演讲时万无一失。

你可以把你演讲的内容先告诉你的朋友或同学——当然不必全部都说出来，只需在一个随意的时刻，对他说："嗨，你知不知道我今天遇到了一件非同寻常的事？"

对方可能会愿意听你讲你的故事。这个时候，你就要仔细观察他的反应，看看他有什么想法，说不定他也能为你提一些很有价值的建议。

杰出的历史学家阿兰·尼文斯也曾对作家发出过类似的忠告："找一个对你的演讲感兴趣的朋友，把你要说的话都尽量详细地说给他听。通过这种方式，可以帮助你发现可能遗漏的见解和事先无法预料的争论，并找到最适合讲述这个故事的形式。"

卡耐基成功信条

■ 任何一个人只要遵循正确的方法，提前做好详细周密的准备，都可以成为出色的演讲者；相反，如果事先不做好适当的准备，即使有智者一样的年纪或者丰富的经验，演讲时也仍然会失败。

■ 你的生命中充满了新的东西，你也一直在收集新的经验，这些全都深深地留在你的大脑深处，你只需要认真思考、回忆并选择其中最能吸引你注意力的事物，并对它们进行修饰，就可以将它们整理成你的思想精品。

■ 如果演讲的目的就是让听众感到快乐，而不是向他们说教的话，你的演讲就必须温和、简洁，尽量口语化，使用一种非常自然的方式将它说出来，就像并没有经过深思熟虑一样。

卡耐基成功金钥匙

万事都离不开事先的完善准备，演讲也不例外。所谓"准备"，就是把"你自己的思想"、"你自己的观点"、"你自己的想法"和"你自己的原动力"有机结合在一起，而且你要做到真正拥有这种思想和原动力。更准确地说，就是要让演讲、演讲稿与你个人融合在一起。要通过思考、回忆来选择最能吸引你注意力的事物，并将其修饰、加工，最后整理成为你思想的精品。针对目标，专心投入，积极思考，这样就能做好准备工作，为最后的成功打好坚实的基础。

让演讲充满生命力

■ 三个演讲者的不同遭遇

伦敦的海德公园是著名的演讲场所，几乎每天都有人在那里畅所欲言，不分国籍、种族、宗教信仰和政治背景，演讲者可以就各种思想、政治问题发表自己的观点，而不受法律的干预。我就曾经在那里见到这样一幅场景：三位演讲者正在发表演讲，一个天主教徒在解释教皇无谬论，一个社会主义者在谈论马克思主义思想，还有一个男人则在宣扬一夫多妻制。

很奇怪的是，那个鼓吹一夫多妻制的男人周围的听众屈指可数，而另两个演讲者身边的人却越聚越多。难道是因为听众们对一夫多妻制度并不认同，而对《圣经》和《资本论》更感兴趣吗？我仔细观察后，发现不是这样的。

问题出在这三个人身上。那个大谈特谈男人应该娶四个妻子的男士，自己却不像有兴趣讨四个老婆的样子；而另两个演讲者，却能针对所有对立的观点来阐释自己的看法，完全忘我地在慷慨陈词。他们是那么充满激情与活力，不断地挥动手臂，声音高昂而饱满，显得对自己的观点充满信心。听众们并不见得都赞同他们的见解，但还是不由自主地驻足聆听。

我一直认为，生命力、活力以及热情这三个要素，是一个演讲者必须具备的先决条件。我在聘请讲习班的演讲指导老师时，就首先要求他必须有旺盛的精力，还要具备对演讲的热忱。因为人们总喜欢聚集在精力充沛的演讲者周围，只有这样的演讲者才能吸引听众，并带动他们的情绪。

■ 选择熟悉的题材

要想使自己的演讲充满生命力，使听众的注意力被自己牢牢掌握，演讲者就必须要对自己演讲的题材有深切的感受。这是我们一再强调的一点，这一点非常重要。如果你对自己的演讲题目并没有特别感受，你凭什么让听众信服你？而当你对这个题目有了实际接触，取得了相关的经验，并对它进行了深入思考时，你自然而然会对它产生关注，这样你就不用为演讲时缺乏热情而发愁了。

这里有一个绝好的例证：纽约的一个销售员，平时醉心于园艺培植，并喜欢自己动手尝试培育新品种。一次，他在讲习班上演讲课时，提出了一个有违常理的观点，说他已经可以使兰花在一无种子、二无草根的情况下生长出来。因为他曾将山胡桃木灰撒进新耕过的地里，然后兰花就长出来了。这使他有充分的理由相信，山胡桃灰——也只有山胡桃灰，才是长出兰花的原因。

我觉得这不可能。于是，我向他指出，如果这种非凡的发现是事实的话，那么鉴于目前市场上兰花种子高昂的价格，他将一夜暴富，同时还可以成为人类历史上划时代的科学家。因为，世界上还从来没有人能完成或有能力完成从无机物中培植出生命的奇迹。

其他人也认为这是一个非常明显的错误，可他就是不这么认为。他还是坚持自己绝对没有错，并扩大了自己原来的论述，还拿出许多资料来证明自己的发现。他是那么真诚和狂热，并要和我就此事打赌。

这时候发生了一个奇怪的变化，有几个人竟然开始相信他的发现，还有许多人也开始对自己原来的判断产生动摇。假如此时进行一次表决的话，我想至少有一半的人会反对我的意见。我问他们为什么会改变自己的主意，他们异口同声地说是因为那位销售员对自己观点的坚定和热忱，这使他们对自己知道的常识也产生了怀疑。

我不得不给农业部写信求教，并为向专业人士提如此幼稚的问题而表示抱歉。他们很快回信肯定了我的观点，说不播种就想让兰花或其他生物从山胡桃灰里长出来是绝对不可能的。他们在信里还提到有人也曾给他们写信提同样的问题，原来正是那位销售员，因为他确实对自己的发现深信不疑，所以也给农业部写信提问。

这是我听过的最特别也最让我印象深刻的一次演讲。演讲者纯粹因为热忱而形成的说服力，最终能战胜大多数人的常识判断能力，这实在是一个太精彩的演讲实例。它给我的启示就是，雄辩都来自于演讲者的强烈信念和感觉。如果演讲者充分相信某件事，并激发自己的狂热去谈论它，就不愁不能使听众信服。

■ 讲述亲身经历

我们还可以举一个例子，来说明选择演讲题目的重要性。

邦恩先生是我的演讲培训班的一位学员。他刚参加演讲训练时，只是匆匆忙忙地从几本宣传小手册里搜集了一些关于美国首都的资料，然后就来演讲。虽然他在华盛顿土生土长了几十年，但是却没有举出一件自己亲身经历过的事来说明他为什么喜欢这个城市，所以他的演讲听起来非常枯燥乏味，而且内容显得很生硬，让大家听得很不舒服，他自己心里也非常别扭。

让人想不到的是，他却在两周后作了一次非常精彩的演讲。原来，他新买的汽车停在路边，被人开车撞坏了。当他发现时，肇事者早已逃之夭夭，这让他非常气愤。所以，当他在班上说起这次亲身经历时，讲得十分真切，而且充满激情。

由此，我们可以看到，演讲题目选好了，想不成功也难。

■ 表达自己的真实感受

如果你想向听众诉说你因违章被交通警察扣驾照的事，你可以以一个旁观者的身份来讲述。可你作为当事人，你对这件事有直接的切身感受，这样会使你的讲述更加明确，表达也更富感染力。如果是以第三人称来讲述，就不能给听众留下深刻的印象。听众想知道的是，当警察处罚你的那一瞬间，你有什么样的内心感受。所以，你将自己当时的感受描述得越清楚、越具体，就越能生动逼真地表达自己的感情。

人们为什么会经常去看电影和话剧、歌舞剧？就是因为人们都想看到或听到感情的表露。你可以多去看看话剧，特别观察一下演员的表情，他们的表情总是随剧情进展而不断变化的，这也许能给你好的启示。

所以，当众演讲时，你可以根据自己对演讲内容的倾注程度，来表现自己的热忱和兴趣。千万不要抑制自己真实感人的热情，如果让听众知道了你对自己谈论的话题有多热忱，他们自然会被你吸引。

■ 充分表达出你内心的热忱

登上讲台时，你应该表现出对接下来的演讲充满期盼的神态。即使你心里非常紧张、胆怯，也要装出轻松的样子，让听众感受到你强烈的演讲愿望。

演讲开始前，你可以通过深呼吸来调节自己的情绪，并抬头挺胸，告诉自己接下来你要给听众讲的是很有价值的事情。在这样的自我提示下，你应该让听众都能清楚地知道，你的全身上下都充满了自信和热忱。

你要想象自己此刻正大权在握，哪怕明知道这是假的，也要表现得像真的一样。演讲时，尽量将你的声音传到大厅后方，这样的音效可以增强你的信心。此时此刻，讲台就是你一个人的舞台，没人能和你分享。如果演讲时能再加上一些手势，那将更能使你精神振奋。

这就是学者多纳德和雷德所说的"预热反应"。他们认为，这项原则对任何需要心灵感觉的情况都适用。在他俩的著作《有效记忆的技巧》中，他们就举了罗斯福总统的例子，说他"总是对自己要处理的一切事情充满浓厚的兴趣，并达到浑然忘我的境界，哪怕是假装成那个样子"。如果你能表现得热烈，自然也会对自己所做的一切热烈起来。

总之，请牢记这句话：如果你表现出热情，你就会感到热情。

卡耐基成功信条

■ 如果演讲者真的确信某件事，并充满热情地谈论它，那么即使他宣称不用播种也能从尘土和灰烬中培植出兰花来，人们也可能会相信他的话。既然这样，如果我们充满热情地讲出来的信念是正确的常识和真理，那又该会多么令人信服啊！

■ 如果你对自己的演讲题目并没有特别感受，你凭什么让听众们信服你？

■ 生命力、活力以及热情这三个要素，是一个演讲者必须具备的先决条件。

■ 雄辩都是来自于演讲者的强烈信念和感觉。如果演讲者激发出自己的狂热去谈论一件事，就不愁不能使听众信服。

卡耐基成功金钥匙

生命力，是演讲所必需的。使演讲富有生命力，也是一个杰出的演讲者所必备的素质。演讲的生命力是什么？就是演讲者给听众传递出的真挚、热忱、激昂、感人之情。一个演讲富有生命力，听众就会聚集在演讲者的周围，如同大雁会围着秋天的麦田打转一样，被深深地吸引。

第二章　演讲技巧

让你的演讲语言更清晰

■ 千万不可小看语言的清楚表达

我曾经和奥立佛·罗杰爵士讨论过演讲的基本要素。罗杰爵士曾长期在各个大学讲学及巡回演讲，有着 40 年的丰富经验。他强调有两件事对演讲是最重要的：第一，知识和准备；第二，努力准备，表达清楚。

千万不可小看了"清楚"。拿破仑曾一再向他的秘书下达的最慎重的一道指示就是——"要清楚！一定要清楚！"普鲁士名将毛奇元帅也一再告诫他的部属们："任何'可能会'被误解的命令，都'将会'被误解。"

我们每天都要说很多话，其中有许多说明性的谈话，比如下达指示、进行解释和做报告。在各种类型的演讲中，说明性演讲的使用频率仅次于说服性演讲。清楚说话的能力，其实也是打动听众、促使他们采取行动的能力。

■ 将演讲题材限定在一定范围内

威廉·詹姆斯曾指出："一个人在一次演讲中，只能针对一个要点。"而我曾听过一次三分钟的演讲，演讲者一上来就说他准备谈 11 个要点。也就是说，他平均要用 16.5 秒的时间来说明一个要点！怎么会有这么神奇的人？这实在是太荒谬了！

这只是个极个别的极端例子。他这种方式，就像一个导游带着一大群游客，想在一天之内就看完巴黎所有的风光。这显然不是办不到，就像你也可以在半个小时内就看完美国国家历史博物馆一样，但之后你对自己看过什么根本不会记得。他这样做，听众最终也会什么印象都没有。

假如我们准备以"劳工联盟"作为演讲的题目，那么我们根本就不可能在 3 ～ 6 分钟内把这个组织成立的原因、采用的方法、业绩和缺陷等等全部告诉人们。但如果只讲述它其中的一个方面，并且详细讲述，这样就显得更明智。当然，这样将给听众留下一个单一的印象，但它起码可以把一个方面说透彻，也更容易让人记住。

不过，如果你的演讲要谈论的内容真的很多的话，那我建议你至少在每个部分结束的时候都做一个简明扼要的总结。

有一家公司的总经理被员工们起了个绰号叫"他现在在哪里"。因为他从来不肯花心思了解整个公司的业务概况，只是成天东窜西窜，漫无目的地在那儿混日子。他认为小事比一桩大买卖更重要。由于他很少坐在办公室里，所以员工们给他起了这么个外号。后来，公司终于换了一个人来取代他的位置。

举这个例子就是想提醒一些演讲者，他们之所以不能表现得更好，就是因为他们像"他现在在哪里"先生一样想包揽或监视更大的范围。所以，在他们演讲的时候，听众们肯定在为"他到底想讲什么"而困惑。

如果你的演讲紧扣主题、清楚明了，听众就会说："我听懂了他说什么，我知道他现在在哪里！"

■ 顺序明确，思路清晰

几乎所有的演讲题材，都可以利用一定的时间、空间顺序或者事物的内在逻辑顺序来展开。

比如在时间顺序上，我们可以按照"过去—现在—将来"这样的顺序展开，或者也可以从某一天开始进行倒叙。演讲前的材料整理都是从最粗糙的原材料开始，然后经过形形色色的加工，最后完成真正的产品。至于其中加入多少细节，就取决于演讲的时间长短了。

在空间顺序上，演讲者则可以将某个点作为立足点，然后由此往外拓展，或者按照东南西北的方位进行处理。比如你想描述华盛顿市，你可以领着听众，在国会山的顶端从各个不同的方向来叙述。

还有些演讲题材本身就具有自己的内在逻辑顺序。例如美国政府的结构，它有原有的组织形态，只要按照立法、行政、司法三部门来介绍，逻辑必然清晰。

■ 逐条说明各项重点

如果你希望你的演讲能给听众一个井然有序、条理分明的印象，最简单的方法就是：在演讲过程中明明白白地表示你有几个重点，你会先讲哪一点、后讲哪一点。比如，你可以在一开始时就这样开门见山地说："我要讲的第一点是……"说完这一点后，你就可以按照第二点、第三点这样的顺序很自然地说下去，一直到最后做出结论。

罗尔夫博士在担任联合国秘书长助理的时候，就在一次演讲中使用了这种直率的方式。他一开始就说："今晚我演讲的题目是'人际关系的挑战'……我认为有以下两个原因，第一……第二……"

由始至终，他都能够让听众明白他的每一个重点。他一路引领着听众，最后得出结论："我们不能对人类向善的天性失去信心。"

■ 使用听众熟悉的表达方式

如果你向听众谈论的话题是他们所不熟悉的，他们会有深刻理解吗？这当然不可能。所以，我们得用所能想到的最简单、最自然的方法去解释，把人们不知道的事物和他们已经知道的、非常熟悉的事物联系起来。

下面有两种表达方式，可以使你的话更清楚易懂：

1.用图画来展示事实

科学家一般习惯于用数字来回答诸如"月亮距离我们有多远"之类的问题，而科普作家都知道，这种方法其实很难让大众真正了解，因此，他们总是将数字转化为图画。

我们可以看看这一段文字："即使是最近的普洛西玛·森多里星，离我们也有402325亿千米。那么，这意味着假设一个人从地球上以光速飞行，也需要四年零三个月才能到达普洛西玛·森多里星。"

用这种方式说明太空的广阔浩瀚，比用一般的数字要具体真实得多。而有一位地理老师上课时就显得笨拙多了，他告诉学生们，阿拉斯加的面积是 95 万平方千米，人口是 6.4 万人，然后他就不再多说了。这样说并没有将阿拉斯加的大小给学生形成一个直观的形象，只是留下了两个枯燥的数据。

95 万平方千米，这对一般人有什么意义吗？显然没有。普通人并不会想到什么平方千米，因为他无法在自己的脑海中构成具体形象。假如这位老师能够这样说，"阿拉斯加及其所属岛屿的海岸线比环绕地球一周的距离还长，而它的面积比佛蒙特、新罕布什尔、缅因、马萨诸塞、罗德岛、康涅狄格、纽约、新泽西、宾夕法尼亚、特拉华、马里兰、西弗吉尼亚、北卡罗来纳、南卡罗莱纳、来治亚、佛罗里达、密西西比及田纳西等 18 个州的面积加起来还要稍大一些"，岂不是能令所有的人都对阿拉斯加的面积有一个明确一些的概念吗？

所以，数字只会给听众留下一个松懈和不可靠的印象。如果用听众们很熟悉的字眼来叙述这个数字，效果岂不是要好得多？

再看看这两个例子，哪一种更清楚易懂？

——距离我们最近的星球，在 56 兆千米之外。

——如果一列火车以每分钟 1.6 千米的速度行驶，要花 4800 万年才能到达距离我们最近的星球；如果把地球和那个星球用蜘蛛丝连接起来，蜘蛛丝的重量将达到 500 吨。

有一个人，曾这样描述公路上多得可怕的车祸："你现在驾车横越全国，从纽约往洛杉矶，假设你见到路边上立着的不是路标，而是直立于土中的棺木，那么其中装着的就是一名去年公路大屠杀的受害者。当你驱车疾驰时，一路上你的车子每隔 5 秒钟就得经过一个这样阴森恐怖的标志，因为自全国这头至那头，每千米都竖立了 12 个这样的标志！"

以后，当人们每次乘坐车辆，车行不远，这幅景象便会以惊人的真切浮现在每个听众的脑海中。其原因在于听来的印象并不如用眼睛看到的印象那般能持久留在人脑里。

你可以把这项原则应用在你的演讲中，永远不要说多少吨或几万桶的什么东西，而应该说明这么多液体可以装满多少间像你现在正在演讲的房间。

2. 避免使用专业术语

如果你从事某种技术性的专业工作，例如律师、医生、工程师，或是高度专业化的行业，那么当你与本行以外的人谈话时，必须万分小心，尽量使用通俗易懂的语言，同时还应注意加上必要的细节说明。

比如，你想对一群家庭主妇解释为什么冰箱必须除霜。假如你是这样开始的，情况可就不妙了——

"冷冻的原理，是蒸发器从冰箱内部吸收热量，然后再散发到外面。当热量被吸出来的时候，伴随着的湿气就会附着在蒸发器上，形成厚厚的一层霜，导致蒸发器绝热，而且会使马达频繁工作，以此来补偿逐渐增厚的霜层形成的绝热。"

显然，你说的这些对大多数主妇来说与天书无异。如果你从她们所熟悉的事物开始，就容易让她们明白了——

"你们都知道肉应该放在冰箱的哪一层吧？那么你们也一定知道霜是聚在冰箱的冰冻器上的。这些霜慢慢地越积越厚，最后冰冻器就得除霜，只有这样才能保持冰箱的良好运转。冰冻器四周的霜，就像你床上盖的被子一样，结得越厚，冰冻器从冰箱中吸出热气保持冰箱的冷度就越难。这时，冰箱的马达必须频繁工作，才能保持冰箱的冷度。"

关于这个问题，亚里士多德曾有忠告："思维如智者，说话如常人。"如果必须使用专业术语，一定要先向听众解释后再用，这样方能使人听懂你演讲的主旨，而你需要一再使用的关键词更需如此。

■ 充分发挥视觉的功效

中国有一句俗话，叫"百闻不如一见"。科学研究也表明，人们对眼睛暗示的注意力是对耳朵暗示注意力的 25 倍。因此，如果你想清楚地表达自己的思想，就应该生动地描绘你要说明的观点，并且使其具体化。

著名的美国全国收银公司总裁帕特森，就常采用这种方法。他在《系统杂志》发表的一篇文章中，简要说明了他向他的工人及销售人员演讲时所用的方法："我认为，一个人不能期望单凭言语就让人了解他的想法，或是得到和掌握住别人对他的注意力。另外还需要一些戏剧性的补充，最好是补充图片，以图片表现出对和错的两面。图表比语言文字更具说服力，而图片又比图表更具说服力。对某一主题最理想的表现方法，就是将每部分配以图片，而文字与语言只是用来与它们配合。我很早就发现，在和人们打交道时，一张图片胜过我所能说的任何话。我经常聘请画家跟我到各个店里走走，悄悄地把店里不妥当的做法速写下来，然后再根据这些速写画成图画。我把所有的人员召集来，向他们展示他们究竟做错了什么。"

要注意的是，并不是每一个演讲题目或场合都适合展示图画，但只要有可能，我们就应该尽量使用这些辅助工具，因为它们能吸引听众的注意，激起听众的兴趣，而且通常能使我们的意思表达得更加清楚。如果是采用图表，务必令其足够大，使人看得清楚。但是千万别把这样一件好事做过了头，一长串的图表常常也会让人感觉无聊。

利用展示物时，请依照以下建议展示，保证能获得听众的注意：展示物开始不应让听众见到，直至要用时再出示。使用的展示物应该够大，使最后一排都看得见——当然听众若看不见展示物，便不能发挥展示物的作用了。在讲话的当儿，绝不要让展示物在听众间传阅——干吗要自找对手竞争？展示一样东西时，要把它举到听者见得着的地方。记住，一件能打动听众的展示物，胜过十样打动不了人的东西。若是技术上可行，你可以示范一下。讲话时莫瞪着展示品——你是要与听众沟通，不是要和展示物沟通。展示物使用完毕，应尽可能收起，不让听众再看见。如果展示物适于作"神秘处理"，则应将它放在一张桌上，你演讲时就把它置于身边，并把它盖上。当讲话时，多提它几次，这样会引发听众的好奇心，不过别说它是什么。然后，当你揭开覆盖物之时，你早已引发了好奇、悬疑和真正的兴趣。

如今，用视觉辅助材料来增强演讲明晰效果的方法，已经越来越显示出其重要性了。

■ 保持狂热的情绪

林肯和威尔逊这两位美国总统，都是为世人所公认的语言大师。他们指出，清晰的表达能力是训练与自我控制的结果。

林肯说："我们必须狂热地追求，一定要让自己的语言表达明确清晰。"实际上，他从早年就非常注意培养自己对简单明晰的语言的"狂热"了。

他在给别人的一封信里说，当他还是个孩子的时候，如果有人用他听不懂的方式跟他说话，他就会感觉很不舒服。"在我的一生中，还没有为别的什么事生气。可是当我听不懂别人的讲话时，我总是会发脾气，现在也仍然是这样。"

有一次，他父亲和一位邻居彻夜长谈，林肯则一直坐在旁边听着。等他回到卧室，他辗转反侧，希望能理清思路，找到其中的确切意义。为此他一直难以入睡，直到他强迫自己能用浅显易懂的语言把它说出来，并认为可以让他认识的每一个人都了解才肯罢休。林肯自我评价说："这是我的一种狂热的情绪，它一直紧紧跟随着我。"

他少年时代的老师也为他那"狂热的情绪"作证说："我知道，林肯经常会花好几个小时，来研究如何用三种最简洁的方式来说清楚一件事。"

为什么现在的人无法清晰地表达自己的思想呢？一个最普遍的原因就是他们对自己想要表达的东西是什么可能都不太清楚，只有满脑子模糊不清的概念或想法。所以最后，连自己也坠入了迷雾之中。

所以，我们应该像林肯那样，对语焉不详、语意不明的晦涩文字或语言表示出愤怒，一定要清晰地表达自己。

另一位杰出人物威尔逊回忆自己的童年时说："我的父亲是一位真正具有大智慧的人，我所受过的最好的训练都来自于他。他不允许我说话有含糊隐晦的地方，他总是要我大声说出来。有时，他会突然打断我：'你这是什么意思？'并要我立即告诉他。于是，我必须用比写在纸上还要简洁明了的方式来表达自己。他会继续训斥我：'为什么你不这样说？你别用鸟枪来瞄准你自己想说的话，否则只会一片凌乱。你应该用来福枪，要让人一听就懂！'"

就用威尔逊父亲的忠告为本节结尾吧！

卡耐基成功信条

■ 凡是可以想到的事情，都是可以清楚地思考的；凡是可以说出来的事情，也都是可以清楚地说出来的。

■ 清晰的表达能力是训练与自我控制的结果。

■ 我们必须狂热地追求，一定要让自己的语言表达明确清晰。

■ 别用鸟枪来瞄准你自己想说的话，否则只会一片凌乱。你应该用来福枪，要让人一听就懂！

■ 语言是沟通的桥梁，所以我们必须学会使用它。这可不是粗略地学会，而是精确地学会。

■ 一个人在一次演讲中，只能针对一个要点。

卡耐基成功金钥匙

"凡是可以想到的事情，都是可以清楚地思考的；凡是可以说出来的事情，也都是可以清楚地说出来的。" 如果你能清晰、精确地使用语言，就可以让听众毫无阻碍地了解你。

清晰的表达能力是训练与自我控制的结果，我们能做的，就是不断地自我刻苦训练。只有这样，才能得到满意的结果。

即席演讲的技巧

■ 即席演讲的重要性

有一家制药公司对外宣布，它们的新实验室建设已经正式完工。随后公司举行了盛大的庆典。该公司研究部的几名员工在庆典上做了发言，介绍了公司里的化学家和生物学家的研究进程——研究工作取得了了不起的成就，制出的样品通过活体试验，效果令人满意。

当时有一位与会官员很是赞赏该公司研究部的成果，他问研究部主任为什么不上去讲讲。研究部主任是个非常腼腆内向的人，他说："我只能对着自己的脚说话，不敢面对台下的听众。"偏偏这时候主持人给他出了一道难题——请他上台发表讲话。

研究部主任硬着头皮走上台，呆呆地站在那里，非常费劲地挤出几句话后就下台了。

研究部主任在自己的专业领域绝对是一个杰出的人才，可他在讲台上的表现实在不怎么样，有些普通人都能做得比他更好。其实，即兴谈话并不是困难的事。学会即席演讲，他就不会怯场了。

你也许会这样认为，只要事先多做练习，准备充分就不怕了。但是，能够在情急之下整理好自己的思路并清晰地发表讲话，有时甚至比经过长时间准备发表演讲更加重要。随着现代商业的发展，以及现代人口头交流的自由性和随意性，即席发言的能力也越来越受到人们的重视，在某些情况下它甚至是一种不可缺少的才能。今天许多影响我们的工业和政府的决定，并不是一个人所为，而是在会议桌上由大家共同商定的。会上的每个人都可以畅所欲言，在这群策群力的环境中，势必只有说话强劲有力的人，才能对集体决策产生影响。即席演讲的重要由此可见一斑。

■ 掌握即席演讲的技巧

许多年前，《美国杂志》上发表的一篇文章介绍了一种益智游戏，大名鼎鼎的好莱坞明星卓别林等人都热衷于此。这个游戏其实不仅仅是简单的游戏，它还包含了演讲技巧中最难的部分——站立思考。

游戏的具体玩法是这样的：每个人各自在一张纸条上写下一个题目，然后将其折好，放在一起。当一个人抽出其中某个题目后，必须马上站起来，用那个题目对大家讲一分钟。同一个题目不能使用两次以上。

看上去似乎不难，但真正要试了才知道。假如你现在抽到了一个关于"灯罩"的题目，你会怎么说？说些什么内容？玩过这游戏的人都承认，他们的思维全都因此变得敏捷了很多，对于各种五花八门的题目也有了更多的了解。但最有用处的是，他们提高了在短时间内根据任何题目迅速搜集自己的知识和思想的能力，也就是学会了站立思考。

我在讲习班里也会经常让学生练习站立思考。学员们经常会接到这样的通知："今晚将给你们不同的题目练习即席演讲。你们将在站起来后，知道自己的题目。祝你们顺利！"

于是，班里经常会出现这种情形：会计师要讲如何做广告，而广告销售代理的题目是关于幼稚园的管理；或者教师要谈论的题目是银行业务，银行家则要讲如何做好学校教学工作。

没有一个学生因为觉得这样很难而放弃，他们没有把自己当作所有问题的权威，他们全都经过深思熟虑之后，把题目和他们所熟悉的知识联系了起来。刚开始尝试时，他们讲得并不是很好，可他们有勇气站起来并当众说话，这本身就是一个了不起的进步。

既然那些学员做得到，我相信每个人也都能做到。这需要坚强的信心和意志，尝试得越多，你就越觉得简单。

即席演讲中经常还会用到一种方法，那就是联结的技巧。拿我们讲习班举个例子：我们告诉一个学员，要他用尽他所能想得到的最奇妙的方式来讲一个故事。他可能会说："前两天，我驾着直升机在曼哈顿晒太阳。突然，不知从哪里冒出来一大群飞碟，它们朝我直冲过来，我只好紧急迫降，谁知其中一只飞碟里出来一个外星人，它开始向我开火……"此时，就会有人按响铃声，通知这个学员到时间了，然后由另一个学员继续把故事接下去……不到每个人都讲完，谁也不知道这个故事的结局到底是什么。

实践证明，用这种方法来培养即席演讲能取得非常好的效果。一个人越多做这种练习，当他面临即席演讲时，就越能轻车熟路地应对可能发生的任何情况。

■ 做好充分的心理准备

如果你是在毫无准备的情况下被请上台发表即席讲话，一般都是主办方希望你就某一个你非常熟悉的领域发表你的看法。所以，此时此刻你一定要敢于面对这种情况，并考虑清楚要谈些什么内容。那么，怎样才能让自己在面临这种情况时不至于怯场呢？我有一个建议，就是要从心理上随时做好在各种场合发表即席演讲的准备。

在开会时，你不妨问问自己，假如你被邀请站出来讲话，你应该讲些什么？你对哪方面的问题比较拿手？对于你要谈论的问题，你应该如何遣词造句，以表明你的态度？

有了这样的准备，你就需要不断地思考，而这种思考才是真正有难度的事情。不过请相信，没有一个人能不经过思考就做好演讲。演讲者必须像飞行员那样，不断地向自己提出任何可能发生的问题，以随时准备在紧急状况下做出冷静而恰当的反应。一位令人瞩目的即席演讲大师，也必须经过无数次的磨炼之后，才能让自己拥有成功的前提条件。

像这种针对熟悉话题进行即席演讲还不能算是真正的即席演讲，准确地说应该是演讲者平时就已经准备好了的演讲，而他接下来要做的，只是组织适当的材料，以适合时间和场合的需要。

■ 发挥例证的功效

我们有三个理由需要这样做：

1. 可以使你从考虑下一句应该说什么的困境中解脱出来。因为个人的经验是很容易讲述出来的，即席演讲也是如此。

2. 可以帮助你逐渐找到演讲状态。开始时的紧张会慢慢消失，这样你就有机会把自己的题材逐渐酝酿成熟。

3. 可以使你立即吸引听众的注意力。因为事例是迅速抓住听众注意力的百试不爽的良方。

如果能够让听众聚精会神地听你讲述充满趣味的故事，那么就证明你在演讲开始后的极短时间内已经取得了成功，你的能力可以获得肯定，这正是你最需要的。

善于吸引别人注意力的人都知道，沟通是一个双向互动的过程。当他注意到有听众赞同他的观点并互相讨论时，他就会感受到挑战，从而尽自己的最大能力去回应。因此，一切演讲之所以成功，其关键就在于演讲者与听众之间所建立起的和谐关系。没有这种关系，就不可能实现真正的沟通。

这也就是我一再强调用实例证明展开演讲的原因，尤其是当你被邀请随便说几句的时候，举例往往是非常有效的手段。

■ 表现出蓬勃向上的朝气

我曾反复强调，如果你在演讲时能表现出你的力量和精神，表现出蓬勃向上的朝气，那么这对你的心理将会产生极好的促进和帮助作用。

我们可以注意到，在一大群相互交谈的人当中，如果某个人忽然情绪高亢地讲起来，他很快就会滔滔不绝地越讲越起劲，甚至还会唾沫横飞、指手画脚，周围的听众也会因此受到感染，情绪渐渐激昂起来。

身体活动与心理活动是密切相连的。一旦你发动了群众，用你的力量和朝气给他们的身体充电，使他们也像你那样充满朝气，那么你就能很快让他们的心灵也活跃起来。所以，成为一名成功的即席演讲者并不困难，只要能忘我地投入其中。

■ 针对不同场合和听众演讲

在没准备的情况下被请出来作即席演讲，首要的就是保持心态的平静。你可以在上台后来一些客套话与主持人、听众寒暄几句，争取一个调整的时间差。然后，你演讲的内容最好是和听众关系密切的话题，因为听众只对与自己有关的事感兴趣。所以，你完全可以就地取材，从听众本身或当时的场合选取题材，作为即席演讲的话题。

如果是针对听众本身展开演讲，你可以谈论听众，说说他们是谁，他们在做什么，特别是他们为社会作了什么贡献，并要记得拿出一两个实例加以说明，不能让他们觉得你是随口敷衍。千万要记住这一点，这样可以使你的演讲轻松进行。

如果是针对场合本身来展开演讲，你可以讲这次聚会的缘由，比如它是周年纪念日，或者是年度聚会，或者是表扬大会。由于与会的人都与会议议题有一定联系，如果能就这个话题展开演讲，就可以吸引听众的注意力。

如果你实在找不出什么题材，而你对在你之前的那一位演讲者所讲的事情也感兴趣，那么不妨以它为话题，从你的角度出发，用你的观点详述一遍。只要你能说出和前面那个人不同的东西，听众还是会感兴趣的。

■ 围绕中心主题展开演讲

即兴演讲中，不着边际地胡说八道、生搬硬套肯定是行不通的。必须围绕一个中心主题思想把自己的理念进行合理的归纳。

这个中心思想是你演讲内容的核心，所有的观点、事例都要紧紧围绕这个中心，为这个中心服务。

最后还要提醒一句，如果你能以真诚的态度去演讲，你会发现你演讲时精力充沛、效果显著，即使有准备的演讲也不能与之相比。

牢记上面的各项建议，坚持勤奋地练习各项技巧，你就会逐渐对即席演讲做到得心应手。你会发现，即席演讲竟然如此令人兴奋和愉快。

只要努力坚持下去，你将会发现，你的演讲越来越精彩，而你对演讲的感觉也越来越轻松。最后，你终将明白，即席演讲其实就像在自家客厅里和朋友即兴聊天一样，只是谈话对象和范围都扩大了一点儿而已。

卡耐基成功信条

■ 随着现代商业的发展，以及现代人口头交流的自由性和随意性，即席发言的能力也越来越受到人们的重视，在某些情况下它甚至是一种不可缺少的才能。在群策群力的环境下，势必只有说话强劲有力的人，才能对集体决策产生影响。

■ 演讲者能不能和听众建立和谐的关系，是决定演讲成功与否的关键。如果没有这种和谐的关系，真正的沟通就不可能实现。

■ 演讲者必须像飞行员那样，不断地向自己提出任何可能发生的问题，以随时准备在紧急状况下做出冷静而恰当的反应。一位令人瞩目的即席演讲大师，也必须经过无数次的磨炼之后，才能让自己拥有成功的前提条件。

■ 身体活动与心理活动是密切相连的。一旦你发动了群众，用你的力量和朝气给他们的身体充电，使他们也像你那样充满朝气，那么你就能很快让他们的心灵也活跃起来。

■ 向一大群人发表即席演讲，其实就像是在自己的客厅里和朋友聊天一样，只不过是谈话对象和范围都扩大了一点儿而已。

卡耐基成功金钥匙

在许多人的经验中，即席演讲或即席发言是一个恐惧或挫折，因而成为必须克服的一种压力和挑战。即席演讲其实是对人的学识、口才、应变能力、表达能力的一场公开综合考试，对人的心理和语言能力是一种极其有益的锻炼。我们应该克服恐惧害羞心理，勇敢突破自己的心理障碍去通过这一考试。当我们战胜自己的弱点之后，再回头看看，就会发现即席演讲其实就像是在自己的客厅里和朋友聊天一样，只不过是谈话对象和范围都扩大了一点儿而已。

让结尾"余音绕梁"

■ 结尾也重要

你可知道演讲中的哪些部分最有可能显示你是个缺乏经验的新手还是一个演讲高手？那就是开头和结尾。这好比戏院里流行的一句老话："从一个演员出场及下台的表现来看，就可以知道他是不是一个好演员。"

对于任何一种活动来说，开始与结束几乎都是最不容易有纯熟表现的部分。在一个社会场合中，优雅地进入会场以及潇洒地退席，都是最需要技巧的一种表现。在一次正式的会谈中，最困难的工作，就是在一开始就赢得对方的信任，以及成功地结束会谈。

结尾是一场演讲中最具战略意义的一点。当一个成功的演讲者退席后，他最后所说的几句话，仍会在听众的耳边回响，这些话将被保持最长久的记忆。这就是所谓的"余音绕梁"。

■ 初学者的常见错误

一般初学演讲的人，很少会注意到结尾的重要性。所以，他们的结尾经常令人感到平淡无奇。

有些人总在结束时说："对于这件事，我大概只能说这么多了。因此，我想，我该结束了。"这种演讲者常常会因心虚而施放一阵烟幕，说句"感谢各位"，就想遮掩自己不能做一个令人满意的结尾的无能。这样算不得是结尾。这只是个错误，会暴露出你是一个生手，它几乎是不可原谅的。如果你该讲的话都说完了，为什么不就此结束你的演说，立即坐下来，而不再去说些"我说完了"之类的废话？如果你能这样做，保证可以留下袅袅余音，听众自己可以做出判断，知道你已讲完一切要讲的。

还有一些初学演讲的人，在说完了他们该说的每一句话后，却不知道如何结束。乔斯·贝林斯曾在建议人们捉牛时指出要抓住尾巴，而不要抓角，因为这样才容易得手。但这儿提到的演说者却是从正面抓住牛角（即在开头浪费时间）。他十分希望与这头牛分开，但不论如何努力，他就是无法与牛分开而逃到篱笆或树上去。因此，他最后只能在原地打转，把自己说过的话说了又说，给听众留下了一个坏印象。

所以，结尾必须在事先就做好计划。很多事情，如果事先把计划做好，剩下的就好办了。如果你在面对听众时才试着去构想你的结束语，而此时你正承受着演讲中的巨大压力与紧张情绪，并且你的思想又必须专注于你所说的内容，这样就会给你带来不必要的麻烦。因此，如果你能在事前就把结束语设想好，就不会出现这种结果了。

如果是即席演说，那么，在演讲进行当中往往要根据现场的实际需要来进行很多的改变。比如，演讲者必须删减一些段落，以配合那些事先未曾预料的发展，并和听众的反应达成和谐。因此，最聪明的做法就是事先计划好两三种结束语，如果这一种不合适，另一种也许就用得上。

有些初学者却永远不知道怎么做一个圆满的结尾。他们在演讲时，一开始就急言快语、不着边际地铺陈开来，最后却不知道该怎样收场。因此他们的准备工作需要做得更多、更完善，并且需要更多的练习。

许多新手的演讲都结束得太过突然，结束方法不够平顺自然，缺乏修饰。

准确地说，他们没有结尾，只是戛然而止。这种方式造成的效果会令听众感到不愉快，也充分显示出演讲者是个十足的外行。这就好像是你在一次社交场合中正谈话时，对方突然停止和你说话，猛然冲出房间，却未向你有礼貌地道声再见一样。

像这样的情况不仅仅初学演说者会遇到，就连林肯这样杰出的演说者也都未能避免。他在他第一次总统就职演说的原稿中就犯了这样的错误。这次演说发表的时候，正是南北战争形势紧张之际，冲突与仇恨的阴霾已漫布全美国的天空。几周之后，血腥与毁灭的暴风雨很快就肆虐了美国各地。

林肯本来想以下面这段话作为他向南部人民发表的就职演说的结束语。当时，他一开始是这样写的："各位心存不满的同胞们，内战这个重大的问题，此刻就掌握在各位手中，而不是在我手里。政府不会责怪你们，如果你们本身不当侵略者，就不会有冲突发生。你们并没有与生俱来的毁灭政府的冲动，但我却有一份最庄严的职责——我要去为保护这个政府而战。你们可以选择回避对这个政府的攻击，但我却不能逃避保护它的责任。想要和平，还是准备大动干戈？这个庄严的问题现在取决于你们各位，而不是我。"

他把这份演讲稿拿给国务卿施瓦茨过目。施瓦茨一针见血地指出了这段结尾的种种缺点，认为这段结尾太过直率、太过鲁莽、太具刺激性。于是，施瓦茨帮着修改了这段结尾，并补充了两种结语。林肯采纳了他其中一条新稿，并稍加了改动，原来的种种不足都被剔除了，新稿从而呈现出一种友善，表现出了纯美的境界及如诗的辩才：

"我痛恨冲突。我们不是敌人，而是朋友，我们也绝不应该成为敌人。强烈的情感也许会造成紧张的对立，但绝对不应该破坏我们之间的情感和友谊。记忆中的神秘情绪，将从每一个战场及爱国志士的坟墓延伸到这块广阔土地上的每一个活生生的心灵及每一个家庭之中，将会增加合众国的团结力量。到时候，我们将会，也必然会以我们更真诚的天性来对待这个国家。"

对于演讲结尾部分，一个新手要怎样才能准确把握呢？确切地说，跟文化一样，这种东西太微妙了。它是一种属于感觉的事物，几乎可以说是一种直觉。不过，这种"感觉"是可以培养的，这种经验也可以总结出来。你可以去研究成名演说家的方法。

以下就是一个例子，这是当年威尔士亲王在多伦多帝国俱乐部演讲的结束语："各位，我很担心！我已经失去了对自己的克制，对我自己谈得太多了。但我想要告诉各位，今天这场演讲是我在加拿大演讲以来到场人数最多的一场。鉴于我自己的地位，以及我对伴随这种地位而来的责任，我只能向各位保证，任何时候我都将恪尽职守，并尽量不辜负各位对我的信任。"

即便是再愚钝呆板的听众，也会"感觉"到这就是结束语。它不像一条未系好的绳子那般在半空中晃荡，也不是七零八落地未加修整。它已经被修剪妥当，等待结束了。

■ 最完美的两段演讲结语

国际联盟大会召开时，霍斯狄克博士在日内瓦的圣皮耶瑞大教堂发表了演讲。他的题目是《拿剑者终将死于剑下》。下面是他这次演说辞的结尾部分。请注意，他将它表现得多么美丽、高贵而又富有力量：

"我们不能把耶稣基督与战争混为一谈，这是问题的关键所在。我们今天所面临的挑战，就是要激发起人类的良知。战争是人类所犯下的最大也最具破坏性的罪恶，它绝对是残忍无比的行为。就其整体方法及效果而言，它与耶稣所说过的每一件事都背道而驰。它否认了关于上帝与人类的每一项基督教义，这甚至远远超过了地球上所有无神论者所能想象的程度。

"此时此地，身为一个美国人，置身于这个高耸而友善的屋顶下，虽然我不能代表我的政府发言，但我愿以美国人及基督徒的双重身份，代表我的几百万同胞发言，祝福你们将完成的伟大任务——我们深信你们一定能完成这一伟大的任务。我们将为它祈祷，如果你们无法完成，我们将深感遗憾。

"我们可以进行多方面的努力，但目的是一致的——建立一个追求和平的世界组织。再也没有比这更好的目标值得我们去奋斗了。如果这个目标不能实现，人类将面临有史以来最可怕的灾祸。如同物理学的万有引力定律，在道德领域中，上帝不会存在任何种族和国家偏见。'拿剑者终将死于剑下'。"

林肯的第二次总统就职演说的结尾则可以说是庄严的语气与如钢琴演

奏般优美的旋律并重的杰作。铿锵有力的话语，体现着他内心真实的感情；行若流水的顺畅，体现着一位杰出的演说者应该具备的扎实素质。

这段结尾是这样的："我们高兴地期盼着，我们诚挚地祈祷着，这场战争的灾难将很快成为过去。然而，如果上帝的旨意是想让这场战争一直持续下去，让那些没有报酬的奴隶所积聚的财富完全耗尽，让我们身体里的每一滴血都流干的话，那么，我们也必须说出与3000年前那句相同的话——上帝的裁判是真实而公正的。

"不要对任何人怀有敌意，对所有人都要心存慈悲。坚守住正义的阵营，上帝就会指引我们去寻找正义，帮助我们努力完成我们目前正在进行的任务——治疗这个国家的创伤、照顾为国捐躯的战士们、照顾他们的寡妇及孤儿。我们要尽我们的一切能力，去建立公正而永久的和平，并将它推广到世界的每一个角落。"

可以说，像这样富有人性、充满爱意和同情心的演说更容易引起我们的共鸣，给我们以强有力的触动，从而给我们留下更多的回忆。

也只有这样的结尾，才可称得上完美的结尾。

威廉·巴顿曾说："葛底斯堡演讲已经十分完美了，但这篇演讲却更好，这是亚伯拉罕一生最伟大的一篇演讲，它把他的智慧及精神力量都发挥到了最高境界。"

卡尔·史兹写道："这简直就是一首圣诗。从来没有一位美国总统向美国人民说过这样的话，美国也从来没有一位能在内心深处说出如此感人话语的总统。"

■ 总结你的观点

即使是在只有五分钟的简短谈话中，一般的演讲者也会不知不觉地把谈话范围涵盖得很广，以至于结束时，听众仍对他的主要论点究竟在何处感到困惑。这种情况，只有少数的演讲者会注意到。

演讲者往往有种错误的想法，认为自己的观点在自己的脑海中就如同水晶那般清楚，因此听众也应该同样清楚才对。事实并不尽然，演讲者对自己的观点已经思考过相当长的时间了，但他的观点对听众来说却是全新的。它们就好像一把丢向听众的珠子，有的可能落在听众身上，但绝大部分则散落在了地上。所以，听众只可能会记住一大堆事情，但没有一件能够记得很清楚。

下面就是一个成功的例子，演讲者是芝加哥铁路公司的一位经理。

"各位，总而言之，根据我们自己操作这套设备的经验，根据我们在东部、西部、北部使用这套机器的经验，我们认为它操作简单、效果精确，再加上它在一年之内预防撞车事故发生而节省下的金钱，使我以最急切的心情向各位建议：请立即采用这套机器。"

各位看得出他的成功之处吗？你们不必听到他演说的其余部分，就可以感觉到那些内容。他只用了寥寥几句话，就把整个演讲的重点全部概括出来并展示给听众了。像这样的总结极为有效，你不妨在实际运用中多试试。

■ 请求采取行动

上面引用的那个结尾就是"请求采取行动"结尾的最佳例子。演说者希望听众能有所行动，采用他推荐的信号管理系统。他之所以请求公司决策人员采取这项行动，主要原因在于：这套设备能够替公司节省资金，还能防止撞车事件的发生。

在促使听众采取行动的演讲中说最后几句话时，一定要向听众表明，采取行动的时间已经来到、时机已经成熟，因此就要开口建议，要让听众明白你的意图，根据你的要求去参加捐助、选举、写信、购买、抵制或做任何你想要他们去做的事。不过，请务必遵从以下原则：

第一，要求听众做明确的事。别说"请帮助红十字会"，这样太笼统。应该说："今晚就寄出 100 美元给本市史密斯街 125 号的美国红十字会吧。"

第二，要求听众做力所能及的事。别说"让我们投票反对'酒鬼'"，这是办不到的事。不过，却可以请求他们参加戒酒会，或捐助某一个禁酒组织。

第三，尽量使听众易于根据请求采取行动。别说"请写信建议你的参议员投票反对这项法案"。99%的听众都不会这么做的，他们并没有这样强烈的政治兴趣，也许他们觉得太麻烦，也许他们听完就忘记了。要使听众觉得做起来轻松愉快才行。怎么做？自己写封信给参议员，在结尾写上"我们联名敦请您，投票反对第 ××× 号法案"。然后在演讲时，把信和笔在听众之间传递，这样你或许会获得许多人的签名。

■ 以幽默的方式结尾

乔治·克汉说过："当你向听众说再见时，要使他们脸上带着笑容。"如果你能经常这样做，你将会收到良好的效果。

有一次，洛伊德·乔治在一个宗教聚会上作了一个演讲，要求教徒们为著名传教士、美以美教会的创始人卫斯理的墓园维护提供帮助。这个题目极为严肃，恐怕大家都想不出有什么好笑的。但是洛伊德·乔治做到了这一点，而且做得十分成功，他的演说结束得漂亮而精彩：

"我很高兴各位已经开始修葺他的墓园。这个墓园应当受到尊重。他极其讨厌任何不整洁及不干净的东西。他曾说：'不可让人看到一名衣衫褴褛的美以美教徒。'由于这个原因，所以你们永远不会看到这样的一名美以美教徒。（笑声）如果任由他的墓园一片脏乱，那便是对他的大不敬。各位应该都记得，有一次他经过德比郡某处时，一名女郎奔到门口，向他喊道：'上帝祝福你，卫斯理先生。'他回答说：'小姐，如果你的脸和围裙更干净一点儿，你的祝福将更有价值。'（笑声）这就是他对不干净的感觉。因此，不要弄脏他的墓园。万一他偶尔经过这里，这会比任何事情都更令他伤心。你们一定要好好照顾这个墓园，这是一个值得纪念的神圣墓园。它是你们的信仰和情感寄托之所在。（欢呼声）"

■ 以名人诗句作结尾

在所有的结尾方式中，幽默与诗句是最容易被听众接受的了。事实上，如果你能找到合适的短句或诗句作为你的结尾，那是最理想不过的事了。它将产生最和谐融洽的氛围，并将显示出你的独特风格，产生美的感觉。

世界扶轮社社长哈里·劳德爵士在对美国扶轮社代表团演讲时，就以这种方式结束了他的演说：各位回国之后，你们之中有些人会寄给我一张明信片。如果你们不寄给我，我也会寄一张给你们。你们一眼就可看出那是我寄去的，因为那上面没有贴邮票。但我会在上面写些东西：

春去夏来、秋逝冬至、万物枯荣都有它的道理。

但有一件东西永远如朝露般清新，那就是我对你永远不变的爱意与感情。

这首短诗很符合哈里·劳德的个性，也与他演说时的气氛十分相配。因此，这段结尾用在当时的场合是非常适当的。

有一次，我去参加一次欢送晚宴，为一位朋友送行。当时已经有十几个人分别上台讲话，称赞这位即将离开的朋友，祝福他在将来的工作中取得成功。在这上台的十几个人中，只有一个人是以令人难忘的方式结束演说的，他的结尾也是引用了一首短诗。这位演说者以充满感情的声音，面对那位即将远行的朋友，说：

再见了，祝你好运，

我祝福你事事顺心如意。

我如东方人一般地诚心祝福：

愿我的和平安详永远伴着你。

不管你走到哪里，

愿我美丽的棕榈茁壮成长。

经过白天的辛劳和夜晚的安息，

用我的爱祝福你。

我如东方人一般地诚心祝福：

愿我的和平安详永远伴着你。

■ 结尾达到高潮

激发高潮是很普遍的结束方法，但这种方法通常很难控制，而且就所有的演讲者以及所有的题目而言，这种高潮并不能算是结尾。但是如果处理得当，这种方法是相当不错的。它逐步向上发展，力量也越来越强烈，最终在结束时达到顶峰。

林肯在一次有关尼亚加拉大瀑布的演说中，就运用了这种方法。请注意，他的每一个比喻都比前一个更为强烈，他把他所处的时代分别拿来和哥伦布、基督、摩西、亚当等时代相比较，因而获得了一种逐渐叠加的效果：

"这使我们回忆起过去：当哥伦布首次发现这个大陆，当基督在十字架上受苦，当摩西领导以色列人渡过红海，甚至当亚当首次自造物者手中诞生时，尼亚加拉瀑布就和现在一样，早已在此地咆哮怒吼。已经绝种的巨人族，当年也曾以他们的眼睛凝视着尼亚加拉瀑布，正如我们今天一样。尼亚加拉瀑布与人类的远祖同期存在，但比最早的人类更为久远。今天它仍和一万年以前一样声势浩大。那些早已死亡只有从骨头碎片才能证明它们曾经生存在这个世界上的史前巨象，也曾经看过尼亚加拉瀑布。在这段漫长无比的时间里，尼亚加拉瀑布从未停止过一分钟，它从未干涸、从未冰冻、从未合眼，也从未休息。"

结尾同开头一样，也没有不变的程式。要想让自己的演讲有一个好的结尾，你需要不停地研究和练习。其实，不光是结尾部分，演讲的任何一个部分你都应该这样对待。不论是开头、中间还是结尾，要想找到适合所有场合的一般性规则，几乎是不可能的。绝大部分情况下，你都需要根据演讲的题目、时间、地点以及演讲者本身来定。就像圣徒保罗告诫我们的那样："每个人都必须自己努力，自己拯救自己。"

卡耐基成功信条

■ 结尾是一场演讲中最具战略意义的一点。当一个成功的演讲者退席后，他最后所说的几句话，仍会在听众的耳边回响，这些话将被保持最长久的记忆。这就是所谓的"余音绕梁"。

■ 要想让自己的演讲有一个好的结尾，你需要不停地研究和练习。其实，不光是结尾部分，演讲的任何一个部分你都应该这样对待。

卡耐基成功金钥匙

结尾是演讲内容的自然收束。言简意赅、余音绕梁的结尾能够使听众精神振奋，并促使听众不断地思考和回味；而松散疲沓、枯燥无味的结尾则只能使听众感到厌倦，并随着事过境迁而被遗忘。

第六部

比肩伟人　成功典范

第一章　艺坛群星

天才作曲家乔治·杰斯文

■ 天才成功之前

乔治·杰斯文是美国最著名的作曲家。他曾就自己成功的秘诀说到，他的成功非常简单，因为他知道自己需要什么，然后要做的就是按照这个"需要"坚持不懈地努力下去，直至实现目标，这样就能获得成功。

杰斯文最初的志愿是成为一个画家，后来却出乎意料地成为一个伟大的音乐家，这要归功于他的母亲。事情是这样的：有一天杰斯文的舅妈来做客时，竟然带了一架新的钢琴，这使他母亲心中大为不悦，认为这是一种有意地侮辱。于是，尽管家里经济拮据，她还是忍痛花钱给杰斯文买了一架旧钢琴。就因为有这么一件突如其来的事，杰斯文开始和音乐接触，有了发挥他的天赋的机会，为人世间创造出了许多美妙的歌曲，甚至推动了美国音乐的突飞猛进。

大师成功的过程都不是那么顺利。乔治·杰斯文第一次在戏院演奏时，听众都讥笑他。不久，他接受了纽约第 14 街福克斯戏院的聘请，担任该戏院的乐师，每星期的薪金只有 25 美元。当他第一次参加演奏时，却因怯场而羞得面红耳赤，脑子里也是一片空白，结果自然可想而知。他的演奏效果极其糟糕，连台上的演员也嘲笑他，台下的听众更是大笑不止。他又气又恼，不顾一切地跑出了戏院。这件事对他的刺激非常大，即使在他后来已经扬名立万之时，他仍然为当年的窘态耿耿于怀，认为这是他平生最大的耻辱。

■ 知道自己需要什么，然后就努力下去

乔治·杰斯文的艺术之路开始走得并不顺畅，可是他始终没有放弃自己的努力，因为他很清楚自己到底需要什么，并始终不懈地为成功做着准备。

终于，机会眷顾了杰斯文。他是因创作《天鹅》一曲一炮走红的。而他成名的过程，连他自己也有些莫名其妙。1912 年，杰斯文首次在百老汇光陆舞台演奏他的新作《天鹅》。此曲并没有引起听众的注意，但却引起了在座的当时著名歌唱家阿尔·约翰逊的关注。他听完后，认为杰斯文很有音乐天分，是个可造就的天才。几个月以后，在一次盛大聚会中，有人请求阿尔·约翰逊唱一支新歌来活跃一下会场气氛。几次婉辞后，阿尔·约翰逊觉得不好意思辜负众人的诚意，就高歌了一曲杰斯文所作的《天鹅》。结果大家十分喜欢此歌，听众们都反应热烈，一致认为这首歌优美动人。于是，这支早已被人们淡忘的歌曲，在这短短的五分钟内就被阿尔·约翰逊唱红了。

在一个月后，《天鹅》被人们广为传唱，它的乐曲声响遍了各大酒店、影院、舞场……这反而使杰斯文惊奇不已：这首《天鹅》怎么会突然之间就走红了呢？让他更为惊讶的是，竟然有出版家找上门来，愿意以 6 万美元的高价购买他这曲《天鹅》。天哪！ 6 万美元！要知道，在此之前，他一星期的报酬可是只有 25 美元！如今拥有这么一大笔钱在手里，他感觉就像做梦一样。以后，杰斯文的成功道路就一帆风顺了。当初，他的处女作只卖了 5 美元，而在九年后，他替好莱坞一家电影公司的一部电影创作的一支新曲，竟获得了 5 万美元的巨额报酬。这一切都是如此不可思议！

■ 登上事业顶峰

最让人钦佩的是，即使成名了，乔治·杰斯文还是不断地努力学习，并且每星期上课三小时。这种好学的精神，实在是非常值得学习的。后来，他患上了神经衰弱症，每星期要到神经专家诊疗室接受两次精神疗法的治疗。让人钦佩的是，他还是像往常一样努力工作，每天晚上总要创作到深夜，因为他想要的不是荣耀，而是真正美妙绝伦的音乐。

1924 年的林肯诞辰纪念日，这个日子现在更成为音乐界一个重要的纪念日。因为，这一天，杰斯文创作了他生平最为成功并且享誉世界的一支

曲子——《忧郁者之歌》。

谁都会以为这支《忧郁者之歌》是花不少时间完成的。而事实上，他的杰作大都产生于偶然中。当时，保罗·惠特曼请杰斯文写一首爵士乐曲，以便在他的音乐会中演奏。杰斯文随口就答应了，可是并没有放在心上，后来因别的事情一忙，就完全忘记了。等到在报纸上读到一条新闻，说他将要谱写一首爵士乐曲时，他感到莫名其妙。想了好一会儿，他才想起惠特曼的请求。于是，他对自己说："我应该为他写的，并且要写得和一般人不同，我要让人们对爵士乐产生尊贵的感觉。"于是他写了，并在很短的时间内就完成了，那就是《忧郁者之歌》——被音乐界赋予无上荣誉的杰作。

这首曲子演奏那天，戏院里人山人海。演奏的时候，听众都被深深感动了，有的甚至流下了眼泪。无疑，这次音乐会获得了空前的成功，掌声喝彩声始终不断。

《忧郁者之歌》不但为美国音乐界划出了一个新时代，更使乔治·杰斯文的大名震惊了全世界。

卡耐基成功信条

■ 要知道自己想要的是什么，清楚自己的目标要达到什么程度。

■ 做任何事情都要保持自己的激情和动力。

■ 试着按自己的需要不懈地努力下去，就会获得成功。

■ 幸运只会青睐那些做好了准备的人。

卡耐基成功金钥匙

对于一艘没有航行目标的船，任何方向的风都是逆风。你必须知道自己想要什么，然后努力去实现它。一个知道自己想要什么的人总是更容易取得成功。成功向来只青睐那些做好了准备的人，这个道理很多人都明白。真正成功的人始终保持着自己的激情，对实现目标有着永不停止的追求。只要不对自己说"不可能"，努力地奋斗，就会有赢得成功和享受成功喜悦的可能。

"说谎大王"罗伯·利波里

■ 世界上收信件最多的人

世界上谁是收信件最多的人？知道罗伯·利波里这个名字吗？他是美国最著名的讽刺画家。他平均每年可以收到 100 万封信。而在 1932 年，他竟然收到了 300 万封从世界各地寄来的信！准确计算的话，他平均每天收 8000 封信。也就是说，在你讲一句话的时间里，利波里可以收到 28 封信。

许多认识他或者知道他的人，都说他是这个世界上最大的"说谎家"。他倒不为这个头衔感到气愤，反而觉得很自豪。信不信由你，有时候他收到的信，信封上不用写出他的名字，只要上面写着"寄给世界上最大的说谎者"，邮局绝对会毫不犹豫地送给他。

■ 不可思议的一代怪杰

罗伯·利波里是一代怪杰，行为举止让人觉得非常的古怪。他最擅长做一些让人惊讶的事情，而他也正是倚仗这一点"本领"为生的。

据说他给人看信，一封是写在人皮上的，一封竟是写在一根头发上的。当然你不能说他是骗人的，因为他拿出了一个显微镜放在前面，仔细一看，居然真的是一封信，而且和写在纸上的信一模一样！他的另一封信更奇怪，竟然是写在米粒上的。这是国外一位读者写给他的信，虽然用肉眼看不清楚，但用显微镜很容易看出来。这封信在一粒米上一共写了 705 个单词，也就是 2864 个字母，这只能信不信由你了。

还有，他曾告诉别人很多难以置信的事，如滑铁卢血战的发生地点不是在滑铁卢！而斯洛文尼亚并非承袭威廉·本的名字，甚至"水牛"比尔也并未射杀过水牛。他还告诉别人，他会在半夜三更时，趁人不注意杀人。知道这个消息的人都会在 12 分钟之内告诉另外两个人……这些人这么不断地传下去，不到第二天天明全世界的人就都知道这件事了。

罗伯·利波里正像他的讽刺画一样，让人觉得不可思议。

■ "信不信由你"

像大多数艺术家一样，罗伯·利波里也是贫困人家出身。他的父亲是个木匠，他曾警告自己的儿子，如果要成为艺术家，将来谋生会很艰难，他将连饭都吃不饱，甚至会饿死，所以，最好的办法就是成为一个瓦匠或锡铅匠，这才是谋生的正途。

罗伯·利波里也从未学过画画，可谁都想不到，有一天他竟然会成了世界上最著名、最受人欢迎的讽刺画家。

1918年圣诞节前的一个星期，他一个人静静地坐在画室里，竭尽全力为找到一个讽刺画的题材而思考。他这样一言不发地坐了两个小时之后，仍没有什么灵感，所以感到非常的懊恼和失望。突然，他想到了发生在体育界的几件让人吃惊的事情。把这些事情作为绘画题材不是很好吗？经过再三修改之后，"信不信由你"的画稿就出来了。

没想到，就是在这样一个阴郁寒冷的日子所想出的一个不起眼的绘画题材，竟然成了他一生的幸运转折点。他就从这里开始，朝着自己震惊世界、实现莫大成功的梦想的征途起步了。

他每个星期都要画两幅"信不信由你"的讽刺画。这样持续努力地画了十年，可惜的是，他仍然默默无闻。在1928年9月的一天，他用十分钟的时间画了一幅讽刺画：林白是第67个飞越大西洋的人。这幅被大多数人称之为"无稽之谈"的画，令全国数百万读者震惊不已，而且它的震撼力比他十年的努力还要大得多。正如他自己说的："我努力奋斗了十年，可是却不知道成名只需十分钟！"

利波里通过这幅画告诉人们：勃朗和阿尔科克两人曾没有停留地飞过大西洋，这不是在林白之前很早的事吗？而英国的R-3D型飞机和德国的ZR-3D型飞机，也曾做过这样的试验，而且顺利获得了成功。英国飞机曾载过三十多个人，德国飞机也载过三十多个人，这样说起来，林白不就是第67个飞越大西洋的人吗？你们说我这是"无稽之谈"，其实错的是你们自己！

就这样，罗伯·利波里以他夸张的手法表现现实的生活，赢得了很高的声誉。当时，一家报社的负责人维康·鲁道夫看了此画，赞赏不已，特聘利波里当他的报纸的专栏画家，每天为他的报纸画一幅讽刺画。从此利波里就平步青云、出人头地了，以至于我们知道了一个以"说谎"而闻名的美国著名艺术家。他为事业努力了十年，而最后让他功成名就的却只是短短的十分钟。他的成功充分利用了"谎言"，但其实里面还包含着他的智趣、博闻以及过人的胆略！

而开始所提到的那些给他写信的人，就是他的热心读者。他们不停地写信给他，告诉他许许多多奇怪的事。这样罗伯·利波里永远都不用担心自己缺乏创作题材，因为有好几百万人在为他工作呢。

卡耐基成功信条

■ 试着去捕捉自己的灵感，灵感思维具有高度的创造力量。

■ 好的创意是成功的关键。

■ 一定要倡导创新意识，让创意经过可行性的研究后，在实践中创造条件去圆满地完成、改进、创新。

■ 人的才华就如海绵里的水，没有外力的挤压，它是绝对流不出来的；流出来后，海绵才能吸收新的源泉。

卡耐基成功金钥匙

按固定的思路考虑问题，常常会使思路堵塞、思维迟钝、反应迟缓，阻碍寻找新问题的答案。灵感是这样一位客人，它不爱拜访懒惰者，它来自于带着问题和思想去观察生活，带着联想、想象去实践、研究、解决生活中的问题的人。探究生活中的奥秘，就自然有灵感出现；有了灵感，好的创意就自然会产生。

第二章　勇敢的心

"北极探险第一人"史蒂文森

■ 海盗的后裔

史蒂文森是一个帅气的挪威人，他是中世纪一个海盗的后裔。也许是他祖先那勇敢、冒险的血液还在他的体内流动，史蒂文森曾在北极圈内逗留过十年，其中有六年完全靠肉和水两样东西维持生存。他是敢从没有粮食和燃料的北冰洋前往北极探险的先驱者。

据说，当他第一次提议前往北极探险时，许多人都以为他疯了，并且警告他，要是他真敢那么做，他就会在途中饿死。究竟会不会饿死呢？连他自己也不敢妄下断语。不过，他是一个科学家，无论什么事情，都要经过事实的证明后才肯相信。所以，他终于偕同两位勇敢的助手，带着枪弹火药之类，向北极出发了。

从此，他们就开始了艰难的探险历程。他们在冰上的最初40天还有自己带去的食物可吃，但到后来，他们饿了就射杀海豹和北极熊来充饥，渴了就取火把冰块化成水来喝。

■ 探险经历

在史蒂文森的探险经历中，最惊人的一段往事就是他们曾跟随浮冰在北冰洋中漂流了七百多英里，他们不但没有像一般人所担心的那样饿死在半途，反而在97天当中体重还增加了几磅。他说要是专吃瘦肉，或许他们真会被饿死，但北冰洋中有的是肥美的海豹和北极熊，它们的肉生吃固然可口，但有时用熊毛做燃料把它们烤熟了吃，味道更是鲜美无比，所以他们的身体仍然非常好。

史蒂文森嗜好抽纸烟。有一次他烟瘾大发，但纸烟全被助手们抽完了，他竟急得咀嚼放过纸烟的布袋，并将布袋翻转过来找寻纸烟的碎屑。这倒也是一段探险的趣话。

他们的探险食谱除了海豹和北极熊外，还有各种动物，如野鸭、野鹅、鹧鸪、枭鸟等等，据说其中味道最美的是枭鸟。此外，史蒂文森有一次在饿极时，还曾吃过皮鞋上的生牛皮。他说一块煮熟的牛皮，滋味真是非常的棒，就和猪蹄一样好吃。

史蒂文森幽默地说："所以，在寒带地方，皮衣服比毛织品更有用些——饿极了的时候，还可以将牛皮煮熟饱餐一顿。"

说句玩笑话，就因为这样，所以有必要告诫大家一声：当你们家里清理杂物时，如发现了一双老旧的破皮鞋，请你们千万不要丢弃，也许有那么一天，你们还真的用得到它呢！

■ 有趣的实验

史蒂文森回到纽约后，向世人宣布了他和他的探险队员们六年来只靠肉和水维持生存的体验经过，这立刻就遭到了许多人的斥责，认为他们是最可鄙无耻的说谎者。因为这些人根据科学和卫生经验，断定这是绝不可能的事情。史蒂文森为了要洗刷这无名的冤屈，为了要证明他们所说的话不是虚构的，便决意和一位助手继续再食肉一年，在这一年里他除了吃肉类和以水解饥渴外，还要照常工作，他要让这些人看看是不是真有这回事。

这项有趣的试验便在比利维医院的赞助和监视下进行了。在整整一年时间内，史蒂文森和他的助手时时都要接受医生严格的检查。他们的血液每天都要被分析一次，他们每星期都需要记录一次血压，甚至从他们肺里排出的气体也要检验。结果是检查不出有什么坏的现象。尽管他们天天吃肉类，他们的一举一动还是和平常人一样。

在这项试验进程中，史蒂文森的助手起初血压很高，并且掉落了不少头发，而且又患了伤寒病。许多人开始庆幸这个试验将要失败了。不料 90 天后，这位助手的血压又正常了，不再掉头发，连伤寒病也痊愈了。

试验结果，自然是他俩胜利了。并且，在这一年内，他俩都没患过龋齿病。史蒂文森附带地说明："从前，爱斯基摩村一带的居民因为所吃的 99% 是肉类，所以没有人患龋齿病，但是自从他们开始学习并采用文明社会的饮食习惯后，龋齿病也就在那里流行了。"

卡耐基成功信条

■ 如果不想做点事情，就甭想到达这个世界上的任何地方。

■ 那些尝试去做某事却失败的人，比那些什么也不尝试去做却成功的人不知要好上多少倍。

■ 伟大的事业不是靠力气、速度和身体的敏捷完成的，而是靠性格、意志和知识的力量完成的。

■ 要有坚定的人生目标。这一点对每一个人都极为重要，因为人生目标不但能调动我们的积极性，而且还能维持着我们的生命。

卡耐基成功金钥匙

康德说："人的心中有一种追求无限和永恒的倾向。"这种倾向在理性中最直观的表现就是冒险。可以说，冒险是通往成功的必经之路，而机遇永远属于勇敢的冒险家。一个人要想成功，就必须敢于去做别人不愿意做的、别人不敢做的、别人做不到的事，然后再坚持下去，这样才能成功。

飞机发明者莱特兄弟

■ 一件极其平凡的事

在俄亥俄州曾发生了一件极其平凡的事，说它平凡只是就当时而言。现在，这件平凡的事对我们的一生，甚至对我们的孩子、我们的孙子以及往后的世世代代，都会产生极大的影响。

这件事究竟该从何说起，如今已没多少人能说得清了，只能通过想象来描绘一下当时的情景了：某年某月某日，一个普通但又绝对值得纪念的日子，奥维尔·莱特来到雷顿市的一个图书馆。他随意翻开一本书，看到了书里讲的一个故事，故事的主人公是一个叫利利安·米尔的法国人，他借助一个巨大的风筝飞上了天空。尽管利利安·米尔的飞行并没有借助发动机之类的机器，但他飞了起来却是一个不争的事实。

那天晚上，奥维尔·莱特在床上辗转难眠，脑子里始终像放电影一样回顾着这个神奇的故事，因为感受一飞冲天的刺激与浪漫也一直是他的梦想，而利利安·米尔的故事似乎给了他一点儿启示。他实在忍受不住心中的煎熬，第二天一早就把这个故事和自己的想法告诉了哥哥韦伯·莱特。没想到他立即就得到了哥哥的热情支持和赞助，于是兄弟俩马上开始秘密研究起制造飞机来，并且最终把这个人类历史上最大胆的设想变成了现实。莱特兄弟俩的名字也得以在史册上永垂不朽。

■ 时刻准备着

有人曾说："莱特兄弟掌握了能操纵各个国家命运的力量……"

莱特兄弟做了一件多数人都认为不可能的事，就是让自己设计、制造的飞机成功升空翱翔。这是一项惊人的成就。此前，其他许多资金更雄厚的人或大组织，如爱迪生、史密森尼协会和美国军方都曾尝试飞翔，结果都失败了。而他们兄弟俩都没有受过什么高等教育，也没有雄厚的财力支持，但他们拥有两种比大学文凭和金钱更加宝贵的东西——"智力"和"热情"。正是凭借着这两样东西，他们获得了成功。

他们俩飞天梦的起源还要追溯到他们的孩提时代。一天，他们的父亲给兄弟俩带来一件礼物——一只会飞的蝴蝶。父亲把"蝴蝶"上面的橡皮筋扭好，手一松，那小东西便发出"呜呜"的声音，在空中飞舞起来。兄弟俩高兴之余，这才知道，除了鸟、蝴蝶之外，人工制造的东西也可以飞上天。从这以后，在他们的幼小心灵里就萌发了一个愿望——将来一定要制造出一种能飞上高高蓝天的东西。这个愿望一直影响着他们，也就成了他们后来制造飞机的思想起源。

长大后，莱特兄弟在代顿市开了一家自行车铺。由于他们俩工作认真、手艺好，再加上价格公道，店铺生意兴隆。富于创新精神的莱特兄弟当然不会满足于这些，他们时刻铭记着去实现自己儿时的梦想，并不愿终生与这些自行车零件打交道。后来，莱特兄弟造飞机的想法被斯密森学会知晓，他们得到了该学会的赞赏。学会的副会长给他们寄来了好多参考书籍。兄弟俩大受鼓舞，一有时间，他们就钻入书堆中如饥似渴地读着航空基本知识。他们一边干活挣钱，一边研究有关航空方面的知识。三年后，他们掌握了大量有关航空方面的知识，决定仿制一架滑翔机。

于是，每逢星期天休息时，他们就躺在太阳照耀的山脚下，观察天空中飞翔着的各种鸟儿的姿势，然后一张张地画下来，之后开始着手设计滑翔机。

就这样准备了很多年，他们用巨大的风筝做了无数次试验，经历了无数次失败，进行了无数次改良，终于把自己制造的发动机装在了"飞机"上，准备时机一旦成熟，就去实现一直以来萦绕于心的飞天梦。

■ 伟大的日子

1903年12月17日，一个值得纪念的日子。当时正值隆冬季节，天气寒冷，天色阴沉，强劲的寒风吹到基蒂霍克海滨空旷的海滩上，让人瑟瑟发抖。或许是出于不信任，前来观看试飞的人寥寥无几。尽管如此，莱特兄弟依旧决定今日试飞。

远方的沙滩上，停着一个外形古怪的大机器——莱特兄弟的"雏鹰"号。此时，兄弟俩正在进行试飞前的最后准备工作。他们仔细地检查飞机的每一个部件，直至确认没有任何问题。然后，弟弟奥维尔·莱特率先登上了飞机。引擎发动，螺旋桨飞快地旋转起来。奥维尔松开刹车，强大的拉力开始带动飞机滑动。10，20，30……速度计的指针在不停变化，飞机越跑越快。突然，奥维尔感到一股强力使得机头抬起，而后，整个飞机完全脱离了地面。一切都像预料中那样，飞机飞行稳定，操纵性良好。12秒钟后，燃料用完，飞机平稳地降落在离起飞点100英尺远的沙地上。

兴奋的哥哥没等飞机停稳便挥动双臂，欢呼着向弟弟跑去。莱特兄弟紧紧地拥抱在一起。人类飞天的梦想就这样实现了，这是人类第一次像飞鸟一样翱翔在空中。世界文明发展在这一刻又迈进了一大步。而这一切的缔造者莱特兄弟，这两位人类的英雄，是在没有任何技术、任何外来资金援助的情况下，完全依靠自己的头脑和双手，完成了人类历史上这一空前的伟大创举的！

■ 征服蓝天

可是，他们的壮举在当时并没有引起别人的注意。新闻界对此反应冷淡。因为，在莱特兄弟以前也有一个人尝试过动力飞行，这就是斯密森协会主席兰利博士。当时，他不仅得到了政府的资助，而且手下还有大批一流人才为他工作。但是，他的两次试飞均以失败告终，社会因此失去了对他们的信任。不久之后，兰利便郁郁而终。一个大名鼎鼎的科学家都没能使动力飞机上天，更何况是一对毫无地位和声望的修车匠兄弟呢？莱特兄弟不仅没有得到应有的荣誉，反而受到了尖刻的讽刺和嘲笑。而且，更令人啼笑皆非的是，在莱特兄弟数次试飞成功之后，仍有报纸刊登一些权威科学家的话：靠比空气重的飞行器飞行是不可能的。

莱特兄弟毫不介意这些，因为有许多支持者在不断地鼓励他们进取。他们的事业有了很大的发展，到了1908年，莱特兄弟的飞机已经可以持续飞行一小时以上，飞行距离可以超过100千米。此时，他们认为飞行器的时代已经到了，于是不断地向各国政府宣传他们的飞机。然而得到的答复却都令人失望。还好，在友人的支持下，莱特兄弟得以来到欧洲进行巡回飞行表演。

1908 年 8 月 8 日，好运终于来临。韦伯·莱特驾驶着他的飞机在众多法国名流面前进行公开表演。此时，人们再也不能不为眼前的情景感到惊讶了：这架飞机已经在空中盘旋一百多圈，滞空时间长达一个多小时。它打破了以往任何飞机所创下的所有记录，而且能够爬高、倾斜，并飞出"8"字。第二天，几乎所有的报纸都报道了这一新闻。从此，一股航空热潮逐渐被掀起，前来参观观摩、体验飞行的人络绎不绝，其中甚至还包括西班牙国王阿方索和英国国王爱德华七世。

十个月之后，奥维尔·莱特和他的飞机也在华盛顿的梅雅要塞大出风头。他的飞机的飞行性能大大超过了美国国防部所制订的苛刻要求，终于得到了政府的采纳。飞机终于到了实用阶段。1909 年 11 月，兄弟俩在代顿镇创立了莱特飞机公司。他们孜孜不倦地埋头研究，一架架性能更为优异的飞机从他们的工厂走出。到了第一次世界大战末期，莱特公司生产的两千多台发动机已经在世界各个角落的上空运转。

■ 淡泊名利

莱特兄弟取得了巨大的成功，但他们并没有在耀眼的光环中迷失自己。弟弟奥维尔是个十分内向的人，他非常讨厌夸大其词，所以他既没有写自传，也不愿面对新闻记者的采访，甚至拒绝人们为他照相。他的哥哥韦伯最了解自己的弟弟，评价说："鹦鹉虽然是鸟类中最善于说话的，但却不能飞得很高很远！"可惜，韦伯在 1912 年就不幸英年早逝了，这对奥维尔是个巨大的损失。他缺少了一个得力的助手，更失去了一个能真正懂得自己的知心人。

而韦伯也是一个不贪图虚荣的人。有一次，他从口袋里掏手绢时，却掏出了一条红丝带，直到他姐姐一再问他，他才满不在乎地说："啊！我忘了告诉你，这是今天下午法国政府颁发给我的荣誉奖章。"

兄弟俩对宗教信仰也极为虔诚，无论如何他们都不会在礼拜日驾驶飞机，而是在潜心向上帝祷告。有一次，西班牙国王阿方索邀请他们在星期天驾机前往表演，却被兄弟俩毫不迟疑地拒绝了。

　　莱特兄弟都终身没有结婚，他们把飞行研究当成了自己毕生的事业去追求，飞行已经完全融入了他们的生命，他们为飞行而生，也为飞行而活着。

卡耐基成功信条

　　■　上帝的延迟并非上帝的拒绝。所以，对我们而言，其实没有失败这件事，只有暂时停止成功而已。

　　■　要有一种不安于现状、敢于冒险的精神。因为对于一个勇于奉献自己的人来说，生活本身就是一项光荣的冒险事业。

　　■　障碍与失败是通往成功最稳靠的踏脚石，肯研究、利用它们，便能从失败中培养出成功。

卡耐基成功金钥匙

　　胜利贵在对梦想的坚持，要取得胜利就要坚持不懈地努力。饱尝许多次的失败之后才能成功，即所谓的"失败乃成功之母"，而成功也就是胜利的标志。也可以这样说，坚持就是胜利。归根结底，成功与否还是取决于人自己的心态。人活着就没有极限，只要坚持到底，就一定会成功。人的潜能是不可估量的，积极开拓进取的强者不会畏惧任何艰难险阻，他们敢于破格创新，一切依靠自己，没有条件也会想方设法制造出条件，即使缺乏基础，也会很快赶上并且超过别人。

第三章　生花妙笔

跛脚文学家赫伯托·乔治·韦尔斯

■ 挫折是一种财富

赫伯托·乔治·韦尔斯是英国著名的作家,《未来世界》一书的作者。他在幼年时,曾和一群顽皮的小孩子在伦敦郊外玩耍。他们当中一个年龄比较大的孩子一时好玩,把韦尔斯举起来,再抛向空中。当他落下来时,那个大孩子一时失手,没有接住他,于是很不幸,韦尔斯摔伤了一条腿。

因此,韦尔斯很痛苦地在床上躺了几个月。他的腿骨始终没有完全复原,随时都有可能再度裂开。这对于一个小孩子来说,是多么可怕的一件事啊!这使得他一想到自己的前途就非常恐惧和悲伤。

而他并没有因此悲观,这件事也没能影响到他的前途。他一共写了八十多部影响深远的文学作品,成为世界上著名的作家。

韦尔斯后来回忆往事时认为,幼年摔伤腿对他来说,实际上是一件幸运的事,并且影响了他的一生。那次摔断腿之后,他待在家里整整有一年的时间不能出门。因为一个人太寂寞,他只有读书消遣,结果他对书产生了很大的兴趣,对文学更是有了很深的喜爱。

许多年后,在他经历磨炼之后,他因写了《未来世界》这部巨作而闻名于世。

■ 想要成功，就必须奋发图强

赫伯托·乔治·韦尔斯的稿酬收入每年可达 100 万英镑。可他的出身却非常贫穷，他父亲曾开过一家小规模的瓦器店，生意不是太好。他就是在这家小店的里屋出生的。那间屋子既是卧室又是厨房，不但狭小，而且很脏，光线又暗，只能从墙壁的破砖缝里射进来一点点光。让他一辈子难以忘记的是，他经常从这破砖缝里看到很多来来往往的路人的腿。多年以后，他以他仔细观察到的"腿"为题材，写了一篇有意思的文章——看一个人穿什么样的鞋子，就可以断定他是什么样的一个人。

后来，小瓦器店倒闭了，韦尔斯幼年的贫困生活就从这时候开始了。他母亲为了生计去给富人家当了女佣。他因为经常去探望母亲而有机会目睹了英国上层社会的生活隐秘，并领悟了社会底层的生活状况。

13 岁起，韦尔斯也开始踏入社会，进入了一家杂货店担任记账员。每天早上他必须五点起床，为店铺打扫卫生，烧柴生火，一天的工作时间长达 14 个小时以上，没有一点儿空闲时间。同时，他根本看不起这种生活，觉得这种工作太低贱了。结果，一个月后，他就被经理辞退了，原因是他衣衫不整，接待顾客时总是一脸忧郁。他非常气愤地离开了那里。接着，他又进了一家药店，还是做记账的工作。谁知道，一个月之后，他又被辞退了，老板竟然连理由也没有跟他说。

费尽周折，他终于在一家杂货店找到了工作。这一次，他终于体会到了生活的艰辛，不再任性，决定要好好做下去。可是他仍然经常趁着没人注意的时候，一个人跑到土窖里躲起来，偷偷地翻读赫伯托·斯宾塞的作品。这样的生活熬了两年，他还是承受不了吃苦。在一个星期天的早晨，他连早饭都没吃就蹓了出来，空着肚子步行了 15 千米去找他的母亲。他跪在母亲面前痛哭流涕，情绪激昂地说，如果再强迫他在那里工作，他就只有自杀了。

然后，他暗地里给以前的老师写了一封悲怆动人的长信，向老师倾吐他目前的遭遇，并流露出想自杀的意思。没想到，这封信打动了老师的心，老师回了一封信，请他来担任学校的教员。这可以说是韦尔斯人生的第二次重大转折。

不过韦尔斯反省了在杂货店工作的日子，认为这两年多的工作也并不是毫无意义，怪只怪自己实在是懒惰。经过在杂货店两年多的锻炼，他明白了挫折的意义，并且知道了一个道理：人若想要取得成功，就必须奋发图强。

■ 坚持到底，决不放弃

接下来的日子，韦尔斯也不是那么顺利。在执教后的数年，他又遭遇了一次突如其来的意外。学校里组织了一场足球赛，让他做裁判。谁知道，在比赛进行得相当激烈时，他被一个激动的球员冲倒在地上，后面的球员冲了上来，都从他身上踩踏过去，他当场就晕了。他被人送到医院的时候，已经奄奄一息。许多医生诊治过后，都认为韦尔斯无可挽救了。

谁也没想到的是，他竟然醒了过来。但他的肺部和肾部严重受伤，他实际上成了一个半残疾人。在接下来的 12 年里，他过着痛苦的生活。可正如当初摔断腿一样，挫折对他来说是幸运的。正是这 12 年的痛苦生活经历让他成为一位世界闻名的作家。

他开始疯狂地写作。在头五年当中，他写出了许多作品。但是，他那些作品写得实在太贫乏无味了。他自己也非常清楚，就毅然将所有的稿子烧了。

虽然他已成了一个半残废的人，但他没有放弃，很快又找了一份教书的工作。在工作之余，他还是继续为实现他的作家梦想而拼命写作。他的写作地点并不固定，有时在车上，有时在他的办公室，有时他会跑到一望无际、白浪滔天的海边，反正只要有灵感，他随时随地都可以进行创作。这 12 年中，每年他都会完成一个长篇巨著。上帝喜欢给坚持和努力的人机会。在他不懈的坚持下，这些著作终于放射出了光芒，照遍了世界的每一个角落，得到了许许多多读者的认可和喜爱。

这个曾经被杂货店经理辞退的懒惰的小男孩，就这样一步步地走向了成功！

卡耐基成功信条

■ 挫折其实是一种有益的教育。

■ 绊脚石乃是进身之阶。

■ 世上没有绝望的处境，只有对处境绝望的人。

■ 只有失败本身才能造就最终的成功。

■ 挫折其实就是迈向成功所应缴的学费。

卡耐基成功金钥匙

超越自然的奇迹多是在对逆境的征服中出现的。挫折和不幸，其实是天才的晋身之阶，是信徒的洗礼之水，更是能人的无价之宝，也是弱者的无底深渊。这包含了一个道理，那就是适度的挫折具有一定的积极意义。它可以使人在压力下让自己的能力和实力得到不断的提升，从而有可能创造出更为夺目的辉煌。

忧郁的天才诗人艾伦坡

■ 自古英才多磨难

埃德加·艾伦坡以擅写十四行诗及神秘小说而闻名于世，他是世界文坛上最著名而又最浪漫的天才文学家之一。尽管他多舛的命运注定了他"郁闷"的人生，但是他却在美国文学史上留下了许多辉煌的篇章。

艾伦坡从小就是孤儿，后被一个富有的烟草商人收为养子。可惜他难以博得养父的欢心，因为养父希望艾伦坡将来能继承自己的商业，可是艾伦坡只愿意沉浸在文学的世界里。最终他被养父逐出了家门，断绝了父子关系。养父在遗嘱上连一分钱也没有给艾伦坡留下。

艾伦坡曾经两次被学校开除，第一次是在弗吉尼亚州立大学时，因为贪赌酗酒而被开除；第二次是在西点军校时，有次学校要求学生在操场上持枪练习，他却一个人躲在房子里写诗，结果被教官发现，把他送上军事法庭接受审判，于是他被再次开除。

■ 甜蜜的爱情

说起艾伦坡的婚姻，却是文学史上最为人津津乐道的佳话。他26岁时，爱上了比他年轻13岁的亲表妹维琴妮亚，并且死心塌地地要和她结婚。在他们结婚时，他穷得身无分文。不过他从来就没有钱，而且永远都不会有钱。

当他和年仅13岁的表妹恋爱时，许多人都规劝他赶快结束这场悲剧。可事实上，他的恋爱取得了成功，并且他们很快就结婚了。于是又有人斥责他肯定是疯了，因为他唯一的妹妹已经有些疯癫，所以他们以为他也疯了。然而，艾伦坡却是真心爱恋、崇拜他那年轻的太太的，而她对他也有一种难以动摇的爱情。他们的生活是幸福美满的。在她的启发下，艾伦坡写出了很多优美绝妙的诗句。

■ 不公的命运

千万不要轻视艾伦坡的小说和诗歌，虽然物质上他一辈子都挣扎在贫穷线上，但是他的作品却都是值得称颂的，被誉为"文学的光荣"和"世界的珍品"。那些不朽的作品能够带给人们无限的精神享受，但是却不能给他带来足以维持生计的面包。

千古名篇《乌鸦》，艾伦坡写了又改，改了又写，前前后后足足花了他十年的光阴。但是如此难得的佳作，换来的稿酬却只有区区十美元。这么说来，艾伦坡一年的劳动成果仅仅只值一美元吗？而据说那些好莱坞的电影明星一分钟的收入都比艾伦坡十年的收入还要多！这简直让人不敢相信！然而这又是铁一般确凿的事实。

艾伦坡倾注十年心血写成的《乌鸦》，仅得到了可怜的十美元稿酬。可是谁又能料到，就是那样一篇"廉价"的诗作，它的原稿在最近几年的售价竟然高达几万美元？想想荷兰那个天才画家凡·高，他的命运与艾伦坡是何其相似！为什么天才在活着的时候总是要忍饥挨饿？又为什么在天才逝世后人们才真正体会到他作品的价值呢？金子的光芒是污泥无法掩饰的，它只能遮掩掉表面的光彩。命运是不公平的，但是时间却是公正的，人们终于发现了艾伦坡的作品的价值所在，终于发现了它原来是无价之宝，可惜创造这一宝物的天才却早已穷困潦倒地离开了这个不公平的世界。

■ 爱情造就绚丽的诗篇

在纽约的百老汇区，现在到处都耸立着富丽堂皇的高楼大厦，但是当年这里还是郊区，立于中心的是一座即将倒塌的茅屋，屋子的周围满是苹果树。每到春天，花香扑鼻，鸟语欢歌，蜜蜂也嗡嗡地演奏着天然的乐章。艾伦坡以每个月三美元的价钱租下了这间房子，和妻子维琴尼亚居住在这里。可是大部分的时间里，他穷得连饭也没得吃，更别提付房租了。有时候，他们整天饿着肚子，当院子里的车前草开花时，就煮一些来充饥。那些好心的邻居可怜他们，时不时就会送给他们几筐食物。他们知道艾伦坡是个天才，他们热爱他的创作才华，也对他那伟大的爱心无比爱怜。艾伦坡夫妇虽然穷，但是他们在精神上仍是快乐的。

艾伦坡和他心爱的太太艰难地度过了一个又一个难关，但是维琴尼亚最终还是没能够战胜饥寒，她离开了丈夫，凄凉地死在了这间小破屋里。她死后，艾伦坡也没有钱来埋葬她。幸亏邻居们慈悲为怀，才使得她没有被葬身荒野。

艾伦坡是挚爱着维琴尼亚的。维琴尼亚在一月份去世，接着春天来临，明月、鲜花、粉蝶又都一齐挤到了苹果树梢上，星光依然灿烂闪烁，可惜已经是物是人非。如此悲凉景象，怎么能不让艾伦坡黯然伤神呢？于是他整天呆坐着思念他的维琴尼亚，从白天到夜晚，从夜晚到梦中，又从梦中到白天……在如此没日没夜的思念之中，艾伦坡完成了一首前所未有的《爱的称颂》，寄寓了一个丈夫对太太的无限思慕之情：

每次望见明月，
我会重温美丽的旧梦；
每夜看见星光，

像是我那美丽的新娘的眼睛。

我要整天整天躺在

我的爱，我的爱，我的生命——

我新娘的身旁；

凭吊海边她的坟墓，

凭吊海边拍响的坟冢。

艾伦坡的诗篇，在对维琴尼亚的无边爱恋中洗尽铅华，爱成了他诗歌最后的注脚，也成了他诗歌中最为壮观的韵律！

卡耐基成功信条

■ 活着的种种煎熬、忍耐是人在沧桑的苦难面前的挣扎，也是命运的恩赐。

■ 苦难把人变得自信而宽容、坚实而无所畏惧。害怕苦难的人是不堪一击的弱者。

■ 忍耐力较诸脑力，尤胜一筹。

■ 有时，对于那些有才华的人来说，不幸其实是十分难得的推动力。

卡耐基成功金钥匙

要成功，必须正视生活，正视挫折，正视苦难。有一句话说："人生如果没有障碍，人还可以做些什么？"人生的本质就是痛苦，痛苦是为了体验人生。缺乏了苦难的磨砺，人生也将失去光彩，幸福也就无从体验。苦难让我们对生命的体验不再浮于表面，而是触到了本质。

苦难是强者的无价之宝，也是弱者的无底深渊。所以，我们应该把苦难视为一笔财富，只有这样才能战胜命运，取得精神上的胜利。因为我们需要的是生命的升华，而不是平静的腐朽。

"相对论"鼻祖爱因斯坦

■ 拜谒伟人故居

有一年，我和一位朋友结伴旅行，到了德国南部一个小城。当我们经过一家杂货店的时候，我的朋友忽然停住脚步，指着楼上一间小房子说："你知道吗？爱因斯坦就诞生在这间房子里。"

那天下午，怀着对爱因斯坦的强烈景仰和好奇，我们拜访了爱因斯坦的叔父。但结果让我们感到失望，他并没有告诉我们有关爱因斯坦任何不同于常人的才能，相反，他极兴奋地对我们讲述爱因斯坦小时候的愚蠢，比如他举止迟钝又很怕羞，说话也是结结巴巴，他的父母担心他的智力不及常人，学校里的教师也对他摇头表示绝望，叫他"笨蛋"，认为孺子不可教也。可是谁又想得到就是这么一个"奇笨无比"的孩子，日后竟被全世界公认为当代最杰出的伟人、古今最伟大的科学家之一呢？

■ "古怪"的爱因斯坦

翻遍人类史册，像爱因斯坦这样"平地一声雷"般闻名于世界，也是一件不可思议的事情。最值得惊异的是，他以一个"数学教授"的身份，竟能如此迅速地红遍全世界，成为全球报章刊物的重要宣传对象。以"科学家"身份，竟能像娱乐界和体育界的大明星般名闻遐迩。说出来谁会相信呢？但事实是你又不得不信！可是，还有更令人惊奇的事。爱因斯坦的名字虽早已红得如雷贯耳，可他自己竟然还"毫不知情"，直到后来他才突然"发觉"了。在答复新闻记者的询问时，他还说自己的"成名"让他自己都感到"莫名其妙"。

当我们研究爱因斯坦的"相对论"学说时，至少可以领悟到这位大数学家"古怪"思想的一部分。可是对爱因斯坦来说，他不会特别喜爱某件事物，也没有哪件事物让他特别讨厌。大多数人所热切追求的名声、富贵或奢华，他都非常淡泊地看待。据说有一次，某艘轮船的船长为了优待爱因斯坦，特地让出全船最精美的房间等候他，没想到竟遭到他的严词拒绝。他不愿意接受这种特别优待，却情愿睡在最下等的船舱里。

德国政府为了表示对爱因斯坦的厚爱和崇敬，在他50岁诞辰那年，特地为他在普斯丹城建造了一座半身铜像，还赠送他一所精致的住宅和一艘游艇。

不过，爱因斯坦也有着非常不幸的遭遇。希特勒在德国上台后，疯狂地迫害犹太人，身为犹太人的爱因斯坦只得亡命国外，有一段时间客居比利时。他的财产全被充公，他的家门被上了锁，还有一位警探每夜睡在他的床边，只因为他是犹太人。

当他接受美国普林斯顿大学的礼聘前往讲学时，为了避免新闻媒体访问带来的麻烦，他预先就嘱咐他的朋友在船尚未到岸以前，秘密地用驳船接走他再换汽车到学校。

■ 大师妙谈"相对论"

虽然现在解释爱因斯坦"相对论"学说的书籍至少出版了900部，但据爱因斯坦自己宣称，真正能够了解他的"相对论"的人不会超过12个。

爱因斯坦曾用这么简单的例子解释"相对论"：一个美丽的姑娘陪伴你对坐一个小时，你会觉得好像只有一分钟那么短暂；可如果你是在火炉上坐上一分钟，你会觉得好像有一个小时那么久了。

■ 大师的快乐生活

最有趣的是，爱因斯坦夫人却不懂丈夫的"相对论"。不过，她懂得应该怎样去做一个好太太，应该如何把她丈夫给侍奉好。

比如，当她邀请朋友在家聚会时，她想要她的丈夫也参与到她们的盛会里来，但爱因斯坦往往会粗声厉言地回答："不！我不能去，我不能忍受这样的骚扰，它使我不能安心工作。我要立刻离开这个地方。"这时，爱因斯坦太太就会耐心地等待他发怒完毕，再用几句好话使他服服帖帖地跟她下楼参与她们的聚会。他呢，也可因此得到一些最舒适的休息。

据爱因斯坦太太说，她丈夫在思想上是极愿遵守秩序的，但在日常生活中，他倒愿意"随便"而不愿受拘束，想做什么就做什么，喜欢何时做就何时做。他替自己立下了两条规则：一条是无论什么规则都不要；另一条是不为任何人的意见所支配。

爱因斯坦的日常生活非常简单，他平常总是穿着一套不整洁的旧衣服，不常戴帽子，在浴室里常吹着口哨或哼着歌。他虽然致力于解决繁复的"宇宙之谜"，但他认为不能将人生的享受也弄得过分复杂，所以，他在洗澡后刮胡子时，用的是洗澡肥皂而不是刮面肥皂，因为他觉得用两种肥皂实在是太浪费了。

爱因斯坦确实是一个极会享受快乐的人。他的快乐主张便是一种很好的哲学，也许还胜过他那有名的"相对论"。因为他的快乐很简单，不需要从任何人身上去获取。他看轻金钱、名声或礼赞，可是他知道，在工作中可以得到快乐，在小提琴上或划船上也可以寻求到快乐——小提琴确实占据了爱因斯坦生命的重要一环，什么事能比小提琴更使他感兴趣呢？

爱因斯坦的幽默轶事还很多。

有一次，爱因斯坦的儿子爱德华好奇地问他："爸爸，你怎么这般出名？"爱因斯坦被问得笑了起来，他在考虑怎么通俗、形象地回答爱德华的问题。忽然，爱因斯坦想起那种躯体坚硬有光泽的甲虫，那又该怎样？想到这儿，他对儿子说："你有没有发现，如果瞎眼的甲虫沿着球面爬行，将会怎样呢？也许它自己不会发现爬过的路径是弯曲的，然而我，也就是你的父亲，却有幸发现了这一点。"

还有一次，他在柏林公共汽车上和卖票的人争执起来，因为他以为零钱找错了。等到卖票的把钱重数了一遍后，知道错的是爱因斯坦，于是又把零钱交还他，并说了一句嘲讽的幽默话："这一次的错误，是因为先生您不会数钱。"

卡耐基成功信条

■ 快乐即成功。

■ 人活着就应该是快乐的，不应为名利所累，否则人活着就很辛苦、很累，那就失去乐趣了。

■ 事实上，任何不能带来真正快乐的成功，都不能称之为成功。

卡耐基成功金钥匙

人们通常认为成功会使人快乐，但这一说法应该倒过来说更恰当：快乐才是促使人取得成功的关键因素。成功的定义是达到预期的结果，而快乐的含义是感到幸福和满足。前者是功利操作的程序和过程，后者是精神或心智上的冲浪运动。这是一对既交互又矛盾的概念。为了成功，我们将要牺牲一些快乐。追求快乐，说不定成功正是其机会成本。而在许多情况下，可以因为成功而快乐，亦可由于快乐而邂逅成功。

> > > > >

第七部

战胜挫折　迈向巅峰

第一章　逆风飞扬，舞出生命精彩

有悲伤的地方会有圣地

■ 奇迹往往出现在厄运中

要成功并不容易。想要获得成功的人得像风筝，要与强风对抗，方能升向高空。立足于成功的信念，以便坚定向前，无惧于沿途所遭逢的困难。

确定你的信念能支持你在迈向成功的旅程中，忍受一切艰难险阻。当你确知自己在做什么，当你有个明确的目标和实施计划的时候，你或许得与周遭的狂风搏斗，但却不至于有被吹垮的顾虑。风势愈强，你会飞得愈高。

超越自然的奇迹，总是在对厄运的征服中出现。古代诗人在他们的神话中曾描写过："当赫克里斯去解救普罗米修斯的时候，他是坐在一个瓦盆里漂洋过海的。"这个故事其实正是人生的象征，因为每一个人也正是驾着血肉之躯的轻舟，横渡波涛翻滚的生活之海的。幸运中需要的美德是节制，而厄运中所需要的美德是坚忍，后者比前者更为难得。《圣经》的《旧约》启示人以幸福，而《新约》则启示人通过苦难去争取幸福。一切幸运并非都没有烦恼，而一切厄运也绝非没有希望。最美的刺绣，是以明丽的花朵映衬于暗淡的背景，而绝不是以暗淡的花朵映衬于明丽的背景。从这种图像中去汲取启示吧。人的美德犹如名贵的香料，在烈火焚烧中散发出最浓郁的芳香。正如恶劣的品质可以在幸运中暴露一样，最美好的品质也正是在厄运中显示的。

"你如果是贫穷的，你是幸福的，因为神是属于你们的。""为自己的错而悲伤的人有福了，因为他们必定会得到安慰。"这是《圣经》里的话。

前句的意思是，只有贫穷的人，才了解神是照顾他们的；后句的意思是，只有经过悲伤的人，才会成长。

■ 苦难和失败造就杰出者

19 世纪，英国诗人奥斯卡·怀路曾在监狱服刑期间写过这样的话：

"有悲伤的地方，才有圣地。相信社会中的每一个人早晚都会了解到这一点！还未了解这一点之前，可以说那是他还不了解人生！"

也就是说，突破眼前的悲伤或痛苦之后，人才能到达豁然的境界。

著有《睡着成功》这本书的美国牧师马非先生也曾说过："一切的灾祸中，一定匿藏着幸运的胚芽。"下面就是他写的一段文字：

"坐在幸福的椅垫上，人会睡着；在被奴役、被鞭打而受苦的时候，人会得到学习一些事物和道理的机会。"

伟大的哲学家老子也曾说过"祸兮福所倚；福兮祸所伏"的至理名言。年轻的朋友们，先看一看这个人的经历吧，它一定会给你许多的启发。

1832 年，他失业了；同一年里，他决心要做政治家，想当一名州议员，但不幸的是他的竞选又失败了。

于是，他又自己开办了一家店铺。可上帝总爱和他开玩笑，一年不到，店铺又倒闭了。他不得不在长达 17 年的时间里，为偿还债务而到处奔波，吃尽了苦头。

他又一次决定参加竞选州议员，这一次他成功了！但不幸并没有离他远去。第二年，在距他结婚仅有几个月的时候，他的未婚妻却不幸因病去世了，他也悲伤得卧床不起。次年，他因此而得了神经衰弱症。

两年之后，他又参加州议会的选举，可他又失败了。五年后，他又参加美国国会议员的选举，仍然是失败。

第二年，也就是 1846 年，他最终当上了国会议员，可在争取连任时，他又一次落选了。

世上的失败事情几乎全让他撞上了：店铺倒闭，情人去世，竞选败北。他会怎么样呢？会不会放弃奋争呢？

现实中的他却没有服输。1854 年，他竞选参议员，失败；1858 年，再一次竞选参议员，仍然是失败！

　　他尝试了 11 次，可只成功了两次，但他一直没有放弃自己的追求，一直在做自己生活的主宰。1860 年，他终于获得了成功，当选为美国总统。这个人就是林肯——美国历史上最伟大的总统之一。

　　要是生命中每一项我们所求的事物，都只要花极少的努力就可以得到，我们将什么也学不到，而生命也将索然无味。做什么事都成功，人将会变得傲慢自大！失败才能使人谦虚。当自己面对失败时，要理性地劝慰自己"这是绝佳的学习机会"诚然不易，但这的确是难得的经验。

　　在克里米亚的一次战争中，有一枚炮弹击中一个城堡后，毁灭了一座美丽的花园。可在那个炮弹落下的深穴里，竟不住地流出泉水来，后来这里竟然成了一个永久不息的著名喷泉。不幸与苦难，也会将我们的心灵炸破，而在那炸开的缝隙里，也会流出奋斗前进的泉水。

　　对于一个人来说，假使你年轻时便知道怎样对付打击，那么以后再碰到打击的时候，你便能处置得更为适当些。

　　苦难和失败往往会激发人的潜力，引领人走上成功的道路。有勇气的人，会把逆境变为顺境，如同河蚌能将进入体内的沙粒化成珍珠一样。

　　一个真正勇敢的人，愈为环境所迫，就愈加奋勇，不战栗不逡巡，昂首挺胸，意志坚定。他敢于对付任何困难、轻视任何厄运、嘲笑任何障碍，因为贫穷困苦不足以伤他毫发，反而增强了他的意志、品格、力量与决心，这使他成为一个卓越的人。对于这样的人，命运绝无法阻挡他们的前程。

卡耐基成功信条

■ 苦难和失败往往会激发人的潜力，引领人走上成功的道路。

■ 一个真正勇敢的人，愈为环境所迫，就愈加奋勇，不战栗不逡巡，昂首挺胸，意志坚定。

■ 坐在幸福的椅垫上，人会睡着；在被奴役、被鞭打而受苦的时候，人会得到学习一些事物和道理的机会。

卡耐基成功金钥匙

卡耐基认为，人生之路不可能一帆风顺，而是布满荆棘。不经过艰苦拼搏，企图轻而易举地取得成功，是一种荒唐的想法。奇迹往往出现在厄运中，成功之花为拼搏者而开。

当太阳升起时再度充满精神

■ 以微笑面对人生

一个身处逆境却依旧能含着笑的人，要比一个一陷入困境就立即崩溃的人获益更多。处逆境而乐观的人，才具有获得成功的潜质，并且要比一般人更强；而有好多人往往一处于逆境，便立刻会感到沮丧，因此就达不到他们的目的。

我们生活于一个竞争激烈的世界，人们以成功及失败来衡量成就，并且强调每一个胜利都会产生对等的失败，要是一个人赢了，理论上必定有人输了；但事实上，你自己与自己的竞争才是真正重要的。

在通往成功的道路上，能不能经得住失败的考验，决定了能否达到成功的目标。有的人因为失败而徘徊不前、悲观失望，他们往往会由于害怕失败而遭受到更多的失败，最终落于人后；有的人却是微笑地面对失败，从哪里跌倒再从哪里爬起来，用信心和勇气来战胜失败，他们往往都是踏上了成功巅峰的出类拔萃的人。

在我们的社会上，郁郁不乐者、忧愁不堪者或陷于绝望者很难做出成就。如果一个人在他人面前总是表现出郁郁不乐，就没有人愿意同他在一起，人们都会避而远之。

人类的天性是喜欢与和谐快乐的人相处。一个人不应该做情绪的奴隶，让一切行动皆受制于自己的情绪，人应该反过来控制自己的情绪。无论你周围的境况怎样不利，你都应当努力去支配你的环境，把自己从黑暗中拯救出来。当一个人有勇气从黑暗中抬起头来面向光明大道走去时，后面便不会有阴影了。

许多人在疲累或沮丧的时候，会对自己日常的工作感到困惑："究竟我做的这一切有什么用处？"

在这里，我把自己一生所获得的最切实的感受告诉大家：

"要树立自己的信心，对于每一次的挫折与失败，都要微笑地面对，不要害怕，不要后退，因为毕竟你才是自己的主宰。"

心态会带给你成功。当你在和失败战斗时，就是你最需要积极心态的时候。当你处于逆境时，你必须花数倍的心力，去建立和维持自己的积极心态。同时，你也应动用你对自己的信心以及你的明确目标，将积极心态化为具体行动。

在经过对无数成功者成功秘诀的深入探讨之后，我们更有理由相信这一点："成功者之所以成功，正是在于他们不惧怕失败，能在失败之后重新鼓起奋斗的勇气。"

只有在现实生活中拥有百折不挠的精神的人，才能深刻地领会"失败是成功之母"这句话的真正含义。

■ 帕里斯的成功故事

1510 年，帕里斯出生在法国南部。他一直从事玻璃制造业，直到有一天他看到一只精美绝伦的意大利彩陶茶杯。这一下，改变了他一生的命运。

"我也要造出这样美丽的彩陶。"这是他当时唯一的信念。

他建起烤炉，买来陶罐，打成碎片，开始摸索着进行烧制。

几年下来，碎陶片堆得像小山一样，可他心目中的彩陶却仍不见踪影，他甚至无米下锅了。他只得回去重操旧业，挣钱来生活。

他赚了一笔钱后，又烧了三年，碎陶片又在砖炉旁堆成了山，可仍然没有结果。

以后连续几年，他挣钱买燃料和其他材料，不断地试验，都没有成功。

长期的失败使人们对他产生了看法，都说他愚蠢，是个大傻瓜，连家里人也开始埋怨他。他只是默默地承受。

试验又开始了，他十多天都没有脱衣服，日夜守在炉旁。

燃料不够了，他就拆了院子里的木栅栏——怎么也不能让火停下来呀！

又不够了！他搬出了家具，劈开，扔进炉子里。

还是不够，他又开始拆屋子里的木板。"噼噼啪啪"的爆裂声和妻子儿女们的哭声，让人听了鼻子都是酸酸的。

马上就可以出炉了，多年的心血就要有回报了。可就在这时，只听炉内"嘭"的一声，不知是什么爆裂了。所有的产品都沾染上了黑点，全成了次品。

眼看到手的成功，又失败了！

帕里斯也感受到了巨大的打击，他独自一人到田野里漫无目的地走着。不知走了多长时间，优美的大自然终于使他恢复了心里的平静。他平静地又开始了下一次试验。

经过 16 年的艰辛历程，他终于成功了，而这一刻，他却心情平静。

他的作品成了稀世珍宝，价值连城，艺术家们争相收藏。他烧制的彩陶瓦，至今仍在法国的罗浮宫上闪耀着光芒。

帕里斯的成功之路是艰辛而漫长的。他的成功来得何等不易。在一次又一次的失败中一次又一次地重新站起，这正是帕里斯的成功原因之所在。

■ 永不退却，成功会离你越来越近

影响人类成功最坏的敌人，便是思想的不健康，是以沮丧的心情来怀疑自己的生命。其实，一切事情全靠我们的勇气和我们对自己的信仰，全靠我们对自己有一个乐观的态度。然而一般人处于逆境或是碰到沮丧的事情、处于充满凶险的境地时，往往会让恐惧、怀疑、失望的思想来捣乱，于是丧失了自己的意志，致使自己多年以来的计划毁于一旦。有很多人如同从井底向上爬的青蛙，辛辛苦苦向上爬，但是一旦失足，就前功尽弃。

突破困境，首先要肃清胸中快乐和成功的仇敌，其次要集中思想、坚定意志。只有运用正确的思想，并抱着坚定的信念，才能战胜一切逆境。

一个在思想心智上训练有素的人，能够做到在几分钟内从忧愁的思想中解脱出来。但是大多数人却不能排除忧愁去接受快乐，不能消除悲观去接受乐观，他们把心灵的大门紧紧地封闭起来，虽然费力地在那里挣扎，却没什么成效。

人在忧郁沮丧的时候，要尽量改换自己的环境。但是，对于使自己痛苦的问题，不要过多地去思考，不要让它再占据你的心灵，而要尽力去想最快乐的事情。对待他人，也要表现出最仁慈、最亲热的态度，说出最和善、最快乐的话，要努力以快乐的情绪去感染你周围的人。这样做以后，思想上黑暗的影子必将离你而去，而那快乐的阳光将映照你的一生。

诗人马伦在一篇名为《机会》的诗中写出了积极心态的力量：

我哭不是因为失去了宝贵的机会；

我流泪不是因为精华岁月已成云烟；

每天晚上我都烧毁当天的记录；

当太阳升起时又再度充满了精神。

像个小孩子似的嘲笑已顺利完成的光彩，

对消失的欢乐不闻不问；

我的思考力不再让逝去的岁月重回眼前；

但却尽情地迎向未来。

恐惧、自我设限以及接受失败，最后只会像莎士比亚所说的，使你"困在沙洲和痛苦之中"，但是你可借着信心、积极心态和明确目标来克服这些消极心态。

如果你能在失败之后重新鼓起奋争的勇气，你就会离成功越来越近。而要做到这一点，则取决于你积极的心态。面对失败时，要记住让自己的灵魂"在太阳升起时再度充满精神"。

卡耐基成功信条

■ 要树立对自己的信心，对于每一次的挫折与失败，都要微笑地面对，不要害怕，不要退后，因为毕竟你才是自己的主宰。

■ 成功者之所以成功，正是在于他们不惧怕失败，能在失败之后重新鼓起奋斗的勇气。

卡耐基成功金钥匙

卡耐基认为，成功最大的敌人不是别人，而是自己。如果一个人不论处于何种境地，都能保持积极的心态和乐观的精神，那么他迟早会获得成功。

第二章　成就完美与和谐

最高形式的美

■ 美不在于外表，而在于心灵

如果我们希望自己的外表更美的话，我们必须首先美化自己的心灵，因为我们内心的每一种思想、每一个动机都会清晰而微妙地反映在我们的脸上，决定着我们的丑陋或美丽。内心的不和谐将歪曲世上最美的容颜，使其黯然失色。

莎士比亚说过："上帝给了你一张面孔，而你自己却另造了一张。"我们的心灵可以随意地制造美丽或丑陋的面孔。

对最高形式的美来说，温柔的、高贵的性情无疑是最不可缺的，它可以令最平凡的面孔焕发光彩；相反地，暴戾的性情、恶劣的脾气和嫉妒的心理，会毁坏世界上最美丽的容颜，使它丑陋无比。毕竟，没有什么东西能够与优雅可爱的个性产生的美相媲美。无论是化妆、按摩还是药品，都无法改变和遮掩由错误的思维习惯所导致的偏见、自私、嫉妒、焦虑以及精神上的摇摆不定反映在脸上的痕迹。

美产生于内在的心灵。如果所有人都能够培养出一种优雅宽宏的精神状态，那么不仅他所表达的思想观点会具备一种艺术美，他的体魄同样是健美的。因为内在的美会使外在的美愈加耀眼生辉，光彩逼人。在他身上，会焕发出迷人的优雅和魅力，这种精神上的美甚至要胜过单纯的形体美。

我们都曾经注意到，即便是容貌极其平平的女士，由于其拥有迷人的个性魅力，照样能给我们留下非同凡响的美丽印象。通过外表展示的美好的心灵反过来又影响着我们对形体的看法，在我们的眼里，它仿佛也变得婀娜多姿了。

安托尼·贝利尔说得非常对："在这世界上没有丑陋的女人，只有不知道怎样使自己显得美丽的女人。"

■ 成为完整意义上的人

正是那种热诚慷慨的、随时准备帮助他人的心态，以及在任何地方撒播阳光和欢乐的美好心愿，构成了所有真正的个性美的基础，并使得我们永远神采焕发、美丽动人。渴望使自己变得更加美丽并付出相应的努力，生活就会变得多姿多彩。而且，既然外表只是内在的一种反映，是思维的习惯和通常的心态在身体上的展现，那么我们的面孔、我们待人接物的态度、我们的一举一动就必须和我们的精神世界相吻合，这样会使我们更加温柔和富于魅力。如果你的脑海中时时拥有美好的思想和善良的愿望，那么不管你到哪一个角落，你都会给人留下优美和谐的印象，而没有人会注意到你的长相是多么普通或是你的身体有什么缺陷。

我们都仰慕绝代风华的面庞和绰约丰盈的身姿，但是，我们更热爱在崇高的心灵映衬之下的面容。我们之所以爱它，是因为它预示着我们有可能成为完美的人，它代表着造物主所追求的最高理想。

激起我们的爱和仰慕的并不是最亲密的朋友的外表，而是他在我们的心灵深处唤起的对友情的追忆和向往。最崇高的美并不是一种实际的存在，它是一种理想、一种隐约可见的追求、一种体现在某个具体人物或具体事物上的美好品性，它给我们带来了欢乐和喜悦。

每个人都应该尽可能地使自己变得更加美丽、更加动人，更加成为完整意义上的人。这种对最高层次的美的追求绝非没有意义。

卡耐基成功信条

■ 对最高形式的美来说，温柔的、高贵的性情无疑是最不可缺的，它可以令最平凡的面孔焕发光彩。

■ 如果你的脑海中时时拥有美好的思想和善良的愿望，那么不管你到哪一个角落，你都会给人留下优美和谐的印象，而没有人会注意到你的长相是多么普通或是你的身体有什么缺陷。

卡耐基成功金钥匙

心灵美是最高形式的美。一个人即使相貌平平，如果他（她）拥有一颗美丽的心灵，具备高尚的情操，照样可以光彩照人、魅力四射、受人欢迎；一个人即使容貌再出众，如果他（她）具有嫉妒、自私等不良品性，那么他（她）在众人眼中也很丑陋。内在美胜过一切形体的美。

学会调适自己

■ 幸福源于和谐

和谐是一切效率、美好和幸福的秘密所在。和谐意味着一切心理功能的绝对健康。沉着、安定、和蔼与好的脾气，往往能使我们的整个神经系统、我们所有的身体器官与新陈代谢过程都保持协调，这种和谐往往因摩擦、冲突而受到破坏。

人类的身体像一部无线电报机。根据他思想和理念的性质，它不断地发出平和、力量、和谐或混乱的信息。这些信息以光速飞向四面八方，这些信息往往也能找到它们自己的知音。

一个处于永恒和谐之中的心灵平静的人是不可能有任何灾难的，他也不可能恐惧灾难，因为他知道自己处于上帝那双充满爱意的大手的庇护下。因此，什么也不可能伤害到他，因为他是按照永恒的真理立身、行事、处世的。这样一个极其平静的心灵，宛如一座深海之中岿然不动的巨大冰山。它嘲笑洋面上击打它身侧的汹涌波涛和狂风暴雨。这些汹涌的怒涛和狂风暴雨甚至连使它产生恐惧也不能，因为它处于深海之中的巨大冰块是平衡的，这种平衡能使它平静地、不受阻碍地稳稳漂流。

■ 不会调适，就不会生活

很奇怪，许多在其他一些事情上非常精明的人，在保持自身和谐这一重大精神事务上却非常短视、无知和愚蠢。许多白天历经疲倦和失调的上班族到了晚上发现自己简直完全累垮了。这种人如果在早上上班之前舍得花一点儿时间好好地调整自己，那他们就会事半功倍，他们回家时也会依然精神焕发。

如果一个早上去上班的人感到与每一个人都不一致、都不协调，如果他对生活，特别是对那些他必须应付的人和事存在一种抵触心态的话，他是不可能收到事半功倍的效果的，因为他的大部分精力都白白浪费掉了。

从没有试着去调整自己的人不可能意识到，早晨上班之前好好地调整自己会带来巨大的好处。一个纽约的生意人最近告诉我说，每天早晨在使自己的精神、思想和世界保持极好的协调之前，他是不会允许自己去上班的。如果他感到自己有点儿嫉妒他人或是内心不安，如果他感到自己有些自私和不公正，如果他不能正确对待他的合作伙伴或雇员，他就决不去上班，直到他保持协调，直到他的思想清除了任何形式的混乱。他说，如果在早晨去上班时自己对待每一个人都有一种正确心态，那他整天都会过得很轻松、很惬意。他还说，过去凡是在心态混乱的情形下去上班，他都不可能有像心态和谐时那样好的效果。他容易使周围的人不快，更会使他自己疲惫不堪。

许多人之所以过着一种忧郁、贫乏的生活，其原因之一便是他们不能从那些使自己精神失调、恼怒、痛苦和担忧的事情中解脱出来，因而他们无法使自己的精神获得和谐。

花点儿时间好好调整自己，使自己处于永恒的和谐之中吧。

卡耐基成功信条

■ 一个处于永恒和谐之中的心灵平静的人是不可能有任何灾难的，他也不可能恐惧灾难，因为他知道自己处于上帝那双充满爱意的大手的庇护下。因此，什么也不可能伤害到他。

■ 这种人如果在早上上班之前舍得花一点儿时间好好地调整自己，那他们就会事半功倍，他们回家时也会依然精神焕发。

卡耐基成功金钥匙

人是社会环境中的人，受周围环境中的人和事物的影响，难免有精神不愉快的时候，尤其在生活压力日益加大的今天，焦虑、紧张、忧郁、疲惫等不良情绪时时袭扰着人们。只有及时调适自己，保持沉着、安定、平和的心态，才能使自己身心健康，才能精神焕发地应对各种挑战，创造和谐的生活。

善于比较

■ 别人并不比你过得快乐

我们总是觉得，别人比我们快活，这其实是一种错觉。即使那些处于权力巅峰者，也都有各自的苦恼。

事实上，炫目的权力、豪华与奢侈，不过是高居权力巅峰者生活的表面。首先，爬上"宝座"，从默默无闻到众星拱月，本身就是一个充满坎坷的复杂过程。当人们谈到这些登峰造极的人物时，大概不会想到恩克鲁玛担任加纳元首前曾经在一家公司轮船上洗瓶罐的情形，不会想到希特勒25岁时"忧愁和贫困是我的女友，无尽的饥馑是我的同伴"的哀怨。

另一方面，位高者有位高者的苦恼。悠悠万事，多是苦乐相济、幸福与烦恼并存的，站在权力的金字塔上也并非处处如意。

英国女王伊丽莎白一世受制于宫廷礼仪，连恋爱自由都没有，只落得终身未嫁，哑巴吃黄连。

美国总统杜鲁门上任短短几个月光景便发现："一个人当了总统就好像骑上了老虎背，他必须一直骑下去，不然就会被老虎吃掉。"

阿登纳70岁坐上联邦德国总理这把交椅时，深感局促不安。他在第一次公开发表讲话时，心情紧张得像揣着活兔。

印度尼西亚总统苏加诺的传记作者莱格道出了苏加诺的苦衷。他说："苏加诺真正希望得到的——倘若他能如愿以偿的话——就是这样一个职位：既可发挥领导作用而又不陷于日常政府事务。可苏加诺始终未能如愿。"

英迪拉·甘地在寓所里尽管每天可以接见官员和其他求见者，但她时常怅叹："搞政治这一行寂寞孤独。"

美国总统林登·约翰逊政绩不算太差，但可恶的新闻界老跟他过不去，故意把他描绘成"一个乡巴佬"。这使他倍感羞辱和委屈，对新闻界他又怕又恨，以至于澳大利亚总理罗伯特·孟席斯不得不像哄小孩似的安慰他："不必对新闻界耿耿于怀，人民没选他们干事，人民选的是你，他们说话代表他们自己，而你说话代表人民。"

俄皇伊丽莎白就位后一直担惊受怕，恐遭人暗算。她每天都要更换房间睡觉，最后她干脆找来一个能彻夜不眠的人坐在自己身边，才能安心入睡。

列举了这么多例子，无非是想说明：每个人都有每个人的苦恼，平凡人拥有的那份宁静也许恰恰是帝王将相所求之不得的。所以只要你真心觉得自己比国王还快活，那么你就的确会如此。

■ 生活不能盲目攀比

生活中的许多烦恼都源于我们盲目和别人攀比，而忘了享受自己的生活。

有这样一则法国笑话：维克多兴冲冲地从文化宫走出来，一位朋友问他："为什么这么高兴？""因为我今天玩得很好，"维克多回答，"我打了网球，下了象棋——既赢了象棋冠军，又赢了网球冠军。""你打网球、下象棋都很在行吗？""哦不，我和网球冠军一起下象棋，赢了他。后来，我又和象棋冠军一起打网球，我也赢了。"

维克多的言行自然引人发笑，但在大笑之余，我们是否也能从中得到这样的启示：全才是没有的，人各有所长，各有所短。我们既不能专门以己之长比人之短，也不应以己之短比人之长。

所谓"境由心造"。如果你善于发掘自己的长处，善于比较，你就会常常生活在愉快惬意之中。

卡耐基成功信条

■ 生活中的许多烦恼都源于我们盲目和别人攀比，而忘了享受自己的生活。

■ 全才是没有的，人各有所长，各有所短。我们既不能专门以己之长比人之短，也不应以己之短比人之长。

■ 所谓"境由心造"。如果你善于发掘自己的长处，善于比较，你就会常常生活在愉快惬意之中。

卡耐基成功金钥匙

许多人都有这样一种感觉：别人比自己过得快乐。其实人人都有烦恼，只是烦恼的程度不同而已。生活中不能盲目攀比，不能只看到别人美好的一面和自己不好的一面，只有保持一颗平常心，甘于淡泊，才能享受真正的快乐。